ニュートン**超図解**新書

最強に面白い

数学

図形編

はじめに

　三角形に四角形，円や球など，私たちの身のまわりには，さまざまな「形」があふれています。ものがその形になっているのは，どうしてでしょうか。たとえば，自転車や自動車の車輪は，きれいな円形をしています。これは，円がなめらかに転がる性質をもっているためです。このような円の便利な性質は，車輪だけでなく，さまざまな場面で活用されています。

　図形にまつわる数学は，建築や芸術の世界にも登場します。天才建築家のアントニ・ガウディは，「カテナリー曲線」という線をスペインのサグラダ・ファミリアの設計に用いました。また，ル・コルビジェという20世紀を代表する建築家が，黄金比を建築理論に取り入

れることで宣伝に使ったことも有名です。

　本書は，さまざまな形や，形にまつわる数について，"最強に"面白く紹介する1冊です。本書を読み進めていけば，身のまわりの形について，どんどん興味がわくことでしょう。どうぞお楽しみください！

ニュートン超図解新書

最強に面白い

数学 図形編

第2章
神秘の数「π」が生む円と球の性質

第3章
自然界や建築物にあらわれる曲線の美

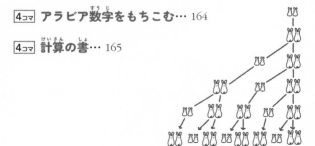

第5章
伸び縮みさせて
図形を調べる「トポロジー」

【本書の主な登場人物】

アルキメデス
（紀元前287 〜紀元前212）
古代ギリシアの科学者，数学者，技術者。浮力の発見や円周率の研究など，科学のさまざまな分野で業績を残した。

女子中学生

トカゲ

ながめて納得！
なっとく

三角形，四角形，
さんかっけい　　しかっけい

多角形の法則
たかっけい　　ほうそく

数学の図形といえば，三角形と四角形が
すうがく　ずけい　　　　　　　さんかっけい　しかっけい
最も身近といえるでしょう。第 1 章では，
もっと　みぢか　　　　　　　　　だい　しょう
これらの多角形や，立体的な多面体につい
たかっけい　　りったいてき　ためんたい
て，その性質をみていきましょう。
せいしつ

点と線, 角の関係を みてみよう

直線には, 終点はない

　まずは, 図形の基本をおさえていきましょう。図形の最も基本的な要素は「点」です。そして, 点が動いてえがく図形を「線」とよびます。線の中でまっすぐなものは「直線」とよばれます(16ページのイラスト1)。数学でいう直線には終点はありません。一方, 両端に終わりがあるまっすぐな線は「線分」, 片方だけ終わりがあるものは「半直線」といいます。

　2本の直線が同じ平面上にある場合, 2本の直線の関係は「交わる」か「交わらない」かのどちらかです(17ページのイラスト2)。交わらない2直線は「平行線」といいます。

直線が交わると角ができる

2直線が交わると角が四つできます（16ページのイラスト3）。四つの角のうち，向かい合う角は「対頂角」とよばれ，それぞれ大きさが等しくなります。

また，平行な2直線に1直線が交わる場合，17ページのイラスト4のように，「同位角」「錯角」とよばれる角の関係があります。同位角と錯角は等しくなります。

図形の最も基本的な要素の「点」は，「位置だけをもち，大きさをもたない図形」じゃ。「線」は，点が集まったものじゃぞ。

1 いろいろな線と角

点が集まって線となり,「直線」が交わると角ができます。2直線が交わってできる向かい合う角を「対頂角」といいます。平行な2直線に1直線が交わると,「同位角」「錯角」という角の関係があらわれます。同位角は同位角どうし,錯角は錯角どうし,それぞれ等しいです。

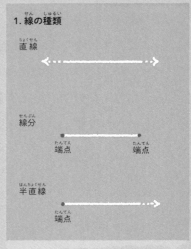

1. 線の種類

直線

線分

端点　　　　　　端点

半直線

端点

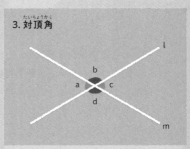

3. 対頂角

l

b

a　　c

d

m

16

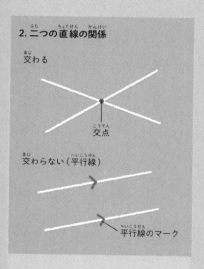

2. 二つの直線の関係

交わる

交点

交わらない（平行線）

平行線のマーク

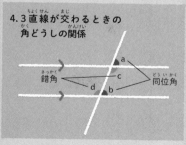

4. 3直線が交わるときの角どうしの関係

錯角

同位角

対頂角はなんで等しいの？

対頂角というのは，何か知っているかね。

二つの直線が交わったときにできる四つの角のうち，向かい合う角のことでしょ。

よく勉強しておるな。対頂角は等しいんじゃ。なぜだかわかるか。

うーん，見た感じでしかわかりません。

右のイラストを見てごらん。∠aと∠c，∠bと∠dが対頂角の関係じゃな。ここで∠a＋∠bと∠b＋∠cを考えると，何度になるじゃろうか。

どちらも直線になるから，180度なんじゃないですか。

その通りじゃ！　つまり∠a＋∠b＝∠b＋∠cだから，両辺から∠bを引いて，∠a＝∠cになるんじゃ。∠b＝∠dも同じことがいえるな。当たり前に思えることも論理的に説明してみることが，大事じゃよ。

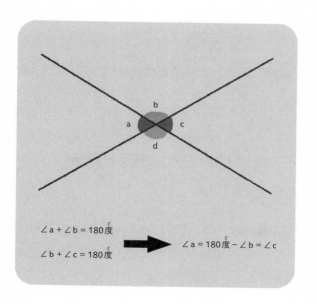

∠a＋∠b＝180度

∠b＋∠c＝180度

→ ∠a＝180度−∠b＝∠c

どんな三角形も 内角の和は180度

最も少ない線分に囲まれた 多角形が，三角形

　複数の線分に囲まれた図形を，「多角形」といいます。多角形はその内部にいくつかの角をもち，それらの角は「内角」とよばれます。多角形を構成する線分は，「辺」といいます。**最も少ない線分に囲まれた多角形が，おなじみの「三角形」です。**

正三角形は，三つの辺と角が すべて等しい

　三角形の中には，特別な三角形がいくつかあります。その代表例が，「二等辺三角形」「直角三角形」そして「正三角形」です。

2 四つの特別な三角形

二等辺三角形，直角三角形，直角二等辺三角形，正三角形の四つは，特別な三角形の代表とされています。どんな三角形でも内角の和は，180度になります。

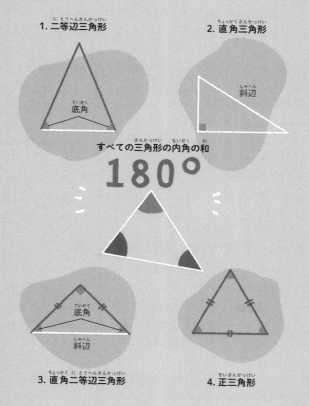

1. 二等辺三角形

底角

2. 直角三角形

斜辺

すべての三角形の内角の和

180°

3. 直角二等辺三角形

底角

斜辺

4. 正三角形

二等辺三角形は,「二つの辺が等しい三角形」です。等しい2辺どうしがつくる角は「頂角」,残りの二つの角は「底角」とよばれます。二等辺三角形のもう一つの性質は,「底角が等しい」ということです。

　直角三角形は,「内角に直角が含まれる三角形」です。直角に対する辺（直角を含まない向かい側の辺）を,特別に「斜辺」とよびます。また,直角三角形で, 2辺が等しい場合は,「直角二等辺三角形」といいます。

　正三角形は「三つの辺が等しい三角形」です。三つの内角がすべて等しいという性質ももちます。

　どんな三角形でも, 三つの内角を足し合わせると, かならず180度になります。

memo

_____

_____

_____

_____

_____

_____

_____

_____

_____

_____

_____

_____

_____

_____

_____

_____

_____

三角形の内角の和は，
なぜ180度？

 今度は対頂角より複雑じゃ。三角形の内角の
和は？

 180度ですよね。それがなぜか説明しろ，と？

 そういうことじゃ。

 三角形を紙にえがいて，角をちぎって並べた
ら直線になるっていうのをやった気が……。

 ふぉっふぉっ。それはわかりやすいのう。で
も，紙をやぶかなくても，よい方法があるん
じゃ。三角形ABCの辺BCと平行な線DAをえ
がいたんじゃ。イラストの○どうしと×どう
しがそれぞれ錯角で等しくなるじゃろ。

24

ということは，Aのところを見ると，×＋●＋○が180度ですね。

そうじゃな。三角形ABCの内角の和も，×＋●＋○じゃから，180度になるんじゃ。補助線を利用するのがポイントじゃな。

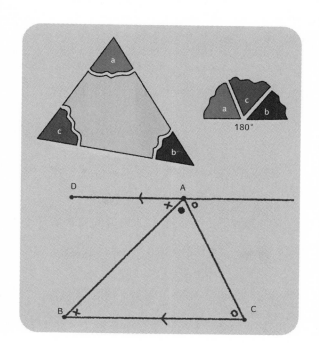

3 合同な三角形を
さがしだせ！

三角形が合同であることを示す，三つの条件

形も大きさも同じ図形のことを，「合同」といいます。また，裏返しにした図形も合同といいます。三角形が合同であることを示すには，以下の三つの条件のいずれかを満たしていればよいです。

① 3辺が等しい。
② 2辺が等しく，それらの辺の間の角が等しい（2辺夾角）。
③ 2角が等しく，その2角の間にある辺が等しい（2角夾辺）。

二つの三角形が直角三角形ということがわかっている場合は，もっと少ない条件ですみます。

直角三角形の場合，以下の二つの条件のどちらかを満たしているだけでよいのです。

①'斜辺と1角が等しい。
②'斜辺とその他の1辺が等しい。

2辺と1角が等しい，合同でない三角形

ここで，気をつけるべき例を紹介しておきます。29ページのイラストの下に示した△ABCと△ADCは，2辺と1角が等しいため，左の条件の②を満たしていると勘違いするかもしれません。しかし，等しい2辺の間の角が等しくなく，△ABCと△ADCは合同ではありません。

条件をどれか一つでも確かめれば，三角形が合同，つまり「同じ三角形」だとわかるんだね！

3 三角形の合同条件

三角形と直角三角形の合同条件をえがきました。すべての辺や角度がわからなくても、ここに示した条件のいずれかを満たせば、二つの三角形が合同であると判断することができます。

三角形の合同条件

① 3辺が等しい。

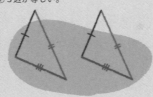

② 2辺が等しく、それらの辺の間の角が等しい（2辺夾角）。

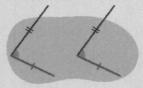

③ 2角が等しく、その2角にはさまれた辺が等しい（2角夾辺）。

直角三角形の合同条件

①' 斜辺と一つの角が等しい。

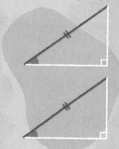

②' 斜辺とその他の1辺が等しい。

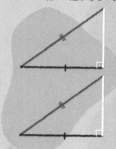

合同でない三角形の例

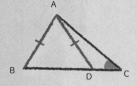

△ABCと△ADCは，2辺が等しく（AB=AD，ACは共通），1角（∠Cが共通）が等しいです。しかし，合同ではありません。合同条件②は，等しい2辺の間の角が等しいことが重要になります。

29

4 相似な三角形を さがしだせ！

相似の図形は，形はそのまま

形が同じで大きさがちがう図形のことを「相似」といいます。 相似の図形は形が同じなので，対応する角はすべて等しくなります。また，相似の図形は，形はそのままで，一定の比率で拡大，あるいは縮小した関係といえます。そのため，対応する辺の長さの「比」もすべて等しくなります。

形も大きさも同じ図形が「合同」で，
形が同じで大きさがちがう図形が
「相似」じゃぞ。

三角形が相似になる三つの条件

三角形が相似であることを示すには，

① 3辺の比がすべて等しい。

② 2辺の比と，その2辺に挟まれる角が等しい。

③ 2角が等しい。

という条件のいずれかを満たせばよいのです。三角形の合同や相似の性質は，物の長さや距離を測定するときに活用されることがあります。次は，そのような例をみてみましょう。

4 三角形が相似になる条件

三角形の相似条件をえがきました。ここに示した条件のいずれかを満たせば，二つの三角形は相似だということができます。

① 3辺の比がすべて等しい。

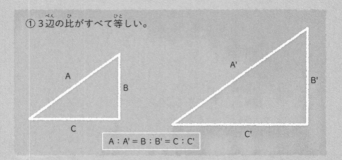

A : A' = B : B' = C : C'

② 2辺の比と，その2辺に挟まれる角が等しい。

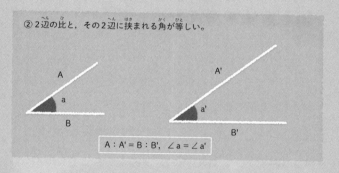

$$A : A' = B : B', \quad \angle a = \angle a'$$

③ 2角が等しい。

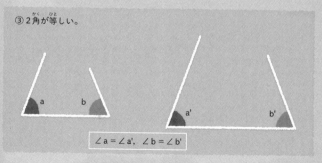

$$\angle a = \angle a', \quad \angle b = \angle b'$$

5 相似を使えば，船までの距離がわかる

タレスは，船の位置を岸から知る方法を考えた

　三角形の相似は，古くから測量に役立てられていました。たとえば古代ギリシアの哲学者タレス（紀元前624ごろ～紀元前547ごろ）は，海の上の船の位置を岸から正確に知る方法を考えたといわれています。

△AFCと△DBCは，相似になる

　右のイラストで，陸上の観測地点Aから海上の船Fまでの距離を知りたいとします。

　まず，観測地点Aと船を結ぶ直線AFと，観測地点Bと船を結ぶ直線BFを引きます。次にAFと直角となる線を，BFの延長線上まで引き，そ

5 二つの三角形をつくって計算

相似関係にある△AFCと△DBCをつくります。対応する辺の比が等しいので，AF：DB＝AC：DCが成り立ちます。この比を利用すれば，AFの長さがわかります。

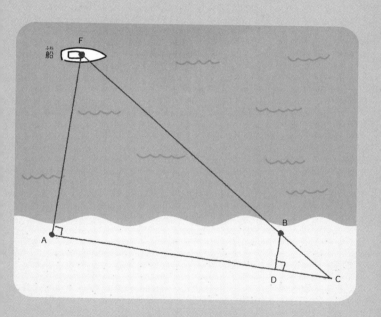

の交点をCとします。そして，AC上に観測地点Bを通る垂線を引き，ACとの交点をDとします。すると，△AFCと△DBCができます。

　△AFCと△DBCは，二つの角がたがいに等しいので，「相似」です（∠FAC ＝ ∠BDC，∠FCA ＝ ∠BCD）。そのため，AF：DB ＝ AC：DCの関係が成り立ちます。DB，AC，DCの長さは，それぞれ直接測定することができるので，結果的に船までの距離AFを求めることができるのです。

相似を利用すれば，直接測ることのできない距離や長さも求めることができるカゲ。

6 正方形は，最も特別な四角形

四角形は，二つの三角形がくっついた形

次に，四角形についてみていきましょう。四角形は，四つの直線に囲まれた図形で，「四辺形」ともいいます。四角形は，頂角の一つがへこんでいてもかまいません。

四角形の対角を結ぶ線（対角線）を1本引いてみると，四角形は二つの三角形がくっついた形だということがわかります。**三角形の内角の和は180度ですから，四角形の内角の和は360度となります。**

正方形はすべての辺が等しく，角がすべて直角

　四角形にも，特別な四角形があります。その代表例としてあげられるのが，「正方形」「長方形」「ひし形」「平行四辺形」「台形」です。

正方形はすべての辺が等しく，角がすべて直角で等しいという最も特別な四角形です。長方形は角がすべて直角で，向かい合う2組の辺（対辺）が等しくなります。

　ひし形はすべての辺が等しく，角については向かい合う2組の角（対角）がそれぞれ等しいです。平行四辺形は2組の対辺がそれぞれ平行な四角形で，台形は少なくとも1組の対辺が平行な四角形です。とくに対角線の長さが等しい台形は，「等脚台形」とよばれます。

6 四角形が満たす条件

下の表は, それぞれの四角形がどんな条件を満たしているのかをあらわしています。正方形は, すべての条件を満たしています。それだけ特別な四角形ということです。

	正方形	長方形	ひし形	平行四辺形	等脚台形	台形
辺がすべて等しい	○	×	○	×	×	×
2組の対辺がそれぞれ等しい	○	○	○	○	×	×
1組以上の対辺がそれぞれ等しい	○	○	○	○	○	×
角がすべて等しい	○	○	×	×	×	×
2組の対角がそれぞれ等しい	○	○	○	○	×	×
2組の対辺がそれぞれ平行	○	○	○	○	×	×
少なくとも1組の対辺が平行	○	○	○	○	○	○
対角線が中点で交わる	○	○	○	○	×	×
対角線の長さが等しい	○	○	×	×	○	×
対角線が垂直に交わる	○	×	○	×	×	×

7

四角形の面積を、手当たりしだいに考えよう

正方形と長方形の面積の求め方は、「縦×横」

　四角形の基本的な面積の求め方をみていきましょう。

　まず、正方形の面積の求め方は、「縦×横」です。1辺が「1」の正方形の面積は、「1×1＝1」です。長方形の面積も、正方形と同様、「縦×横」で求めることができます。

平行四辺形の面積は、「底辺×高さ」で求められます。平行四辺形の1辺から縦に垂線を下ろして真っ二つに分け、それらの左右を入れかえてくっつけると、長方形になるからです（42ページのイラスト1）。

台形の面積は「（上底＋下底）×高さ÷2」

　ひし形は平行四辺形の一種なので，その面積は，「底辺×高さ」で求められます。さらに，「対角線×対角線÷2」でも求めることができます（43ページのイラスト2）。

　台形の面積は，「（上底＋下底）×高さ÷2」で求められます。台形の平行な対辺のうち，上にあるほうを上底，下にあるほうを下底とよんでいます。合同な台形を用意して，それを180度回転させて平行ではない辺どうしを貼り合わせれば，平行四辺形のできあがりです。求めたい台形の面積は，この平行四辺形の半分になります（43ページのイラスト3）。

ちなみに，三角形の面積の基本的な求め方は「底辺×高さ÷2」じゃ。

41

7 四角形の面積の求め方

四角形の面積を求める式と，考え方を下にまとめました。台形の面積の計算で，上底と下底を足す意味や，最後に2で割る理由が理解できるでしょう。

1. 平行四辺形 …… 底辺×高さ

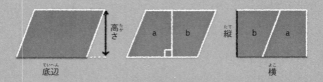

垂線を下ろして左半分と右半分を入れかえると，長方形に変換できます。

2. ひし形……対角線×対角線÷2

三角形は四つ

ひし形がぴったり入る，図のような長方形をつくると，合同な三角形が八つできます。ひし形の対角線が長方形の縦と横です。ひし形の面積は，長方形の面積の半分になります。

3. 台形……（上底＋下底）×高さ÷2

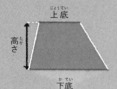 

底辺＝上底＋下底

合同な台形を180度回転して貼り合わせると，平行四辺形ができます。

求めたい台形の面積は，この平行四辺形の半分です。

43

ホームベースは
正方形だった

野球のベースは一塁，二塁，三塁が正方形で，ホームベースが五角形です。**しかしかつては，ホームベースもほかと同じ正方形でした。**なぜホームベースだけ，形がかわったのでしょうか。これにはプレーヤーよりも，審判が大きくかかわっています。

ピッチャーが投げたボールは，ホームベース上を通過するとストライクです。しかしホームベースが正方形でほかの塁と同じ置き方をすると，きわどいボールの場合，ボールがベースの角の上を一瞬で通過します。**そのため，審判がストライクかボールかを判定するのが非常にむずかしかったのです。**

そこでまず，ホームベースの角度を90度かえました。すると，ボールがホームベースの辺とほぼ平

行に通るため，球筋が見やすく，判定がとてもやりやすくなりました。ただ，そのままだとラインとホームベースの間に三角のすき間ができてしまいます。そこで，この部分もベースにしました。こうして五角形のホームベースができたのです。

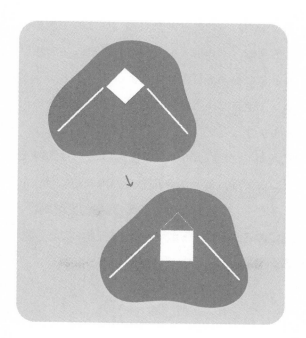

多角形の内角の和を，三角形に分けて考えよう

多角形は辺の数と同じ数の角をもつ

　ここまで，三角形と四角形についてみてきました。五角形，六角形……というように，辺の数がもっと多い多角形についても，いくらでもつくることができます。多角形は，辺の数と同じ数の角をもちます。

　三角形の内角の和は180度，四角形は360度でした。では，ほかの多角形の内角の和はどうでしょうか? 多角形の内角の和は，対角線によって何個の三角形に分割できるかが分かれば，求められます。

Staff

Editorial Management	中村真哉
Editorial Staff	道地恵介
Cover Design	岩本陽一
Design Format	村岡志津加（Studio Zucca）

Illustration

表紙カバー	羽田野乃花さんのイラストを元に佐藤蘭名が作成
表紙	羽田野乃花さんのイラストを元に佐藤蘭名が作成
11～189	羽田野乃花

監修（敬称略）：
　木村俊一（広島大学大学院先進理工系科学研究科教授）

本書は主に，Newton 別冊『数学の世界 図形編』の一部記事を抜粋し，
大幅に加筆・再編集したものです。

ニュートン超図解新書
最強に面白い　数学 図形編

2023年11月15日発行

発行人	高森康雄
編集人	中村真哉
発行所	株式会社 ニュートンプレス　〒112-0012 東京都文京区大塚3-11-6
	https://www.newtonpress.co.jp/
	電話 03-5940-2451

主な内容

今も宇宙は膨張している！

宇宙には，1000億個の銀河が散らばっている
地球から遠くにある銀河ほど，速く遠ざかっている

138億年の宇宙の全歴史をみてみよう！

宇宙は「無」から生まれたのかもしれない
ビッグバンのなごりの光が発見された！

宇宙をつくった，謎の物質とエネルギー

宇宙には謎の重力源「ダークマター」が満ちている
宇宙の成分の95％は未解明

宇宙の"外"では，無数の宇宙が誕生している

宇宙空間は，曲がっている可能性がある
宇宙の大きさが無限か有限か，決着は着いていない

宇宙がたどる，暗くさびしい運命

恒星が死に，銀河は暗くなっていく
宇宙は，ブラックホールだらけになる

ニュートン超図解新書

最強に面白い 宇宙

2023年11月発売予定　新書判・200ページ　990円(税込)

　夜空を見上げると,果てしなく広がっている宇宙を見ることができます。「この宇宙は,いつ,どうやって生まれたのだろう」「宇宙の果てはどうなっているのだろう」などと思うことはありませんか。

　私たちが地球から見上げる宇宙は,静寂に満ちた悠久の世界にみえます。しかし,それはちがいます。私たち人間には,誕生の瞬間や,エネルギッシュな青春,老い,そして死があります。宇宙も,まったく同じなのです。

　本書は,2020年3月に発売された,ニュートン式 超 図解 最強に面白い!!『宇宙』の新書版です。宇宙 誕生から現在までの138億年間の歴史と,宇宙の未来を"最強に"面白く紹介します。ぜひ,宇宙の壮大さにワクワクしてください!

余分な知識満載デス!

memo

8 多角形の内角の和

多角形に対角線を引くと，何個の三角形に分割できるかがわかります。辺の数よりも二つ少ない個数の三角形に分割できるということから，「n角形の内角の和＝180度×（n－2）」という式が成り立ちます。

四角形の内角の和は…？

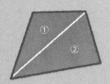

四角形は1本の対角線（白線）によって，二つの三角形に分けることがきます。

180度 × 2 = 360度

五角形の内角の和は…？

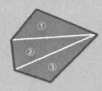

五角形は2本の対角線によって，三つの三角形に分けることができます。

180度 × 3 = 540度

六角形の内角の和は…？

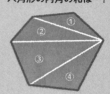

六角形は3本の対角線によって，四つの三角形に分けることができます。

180度 × 4 = 720度

多角形は，辺の数よりも二つ少ない三角形に分割することができます。
つまり，n角形なら（n－2）個の三角形に分割できます。

n角形の内角の和 = 180度 ×（n－2）

n角形の内角の和を式であらわす

　たとえば五角形は，対角線で三つの三角形に分けることができます。五角形の内角の和は，180度×3＝540度です。しかし，ものすごく辺の数が多い多角形に対角線を引き，いくつの三角形に分けられるのかを確かめるのはめんどうです。何か法則はないでしょうか？

　四角形は二つの三角形に，五角形は三つ，六角形は四つ……と，多角形は辺の数より二つ少ない三角形に分割することができます。**つまり，n角形の内角の和を式であらわすと，180度×（n－2）とあらわすことができるのです。**

多角形は，辺の数より二つ少ない数の三角形に分けることができるのね。

9 多角形の外角の和は, 縮小すれば一目でわかる

どんな多角形でも, 外角の和は360度

　多角形の1辺と, その隣の辺の延長線によってつくられる角を, 多角形の「外角」といいます。多角形の外角の和は, どうなるでしょうか。

　実はどんな多角形でも外角の和は360度となります。これは, 51ページのイラストのように, 多角形を縮小していくとわかります。1点に収縮すると, 1回転, つまり360度になることがわかります。

　また, 多角形の周にそってまわりを1周することを考えます。外角というのは, 頂点で進む向きをかえる角度にほかなりません。多角形を1周すると, 全部で360度向きをかえることになるため, 外角の和は360度になります。

49

外角の和は，計算でも確かめられる

外角の和が360度になることは，計算でも確かめることができます。内角と外角の総和から内角の和を引けばよいのです。

内角と外角は1セットで180度となるので，n角形の内角と外角の総和は，180度×nです。内角の和は先ほどみたように，180度×（n－2）でした。

これらを差し引くと，

$$180度 \times n - 180度 \times (n-2)$$
$$= 180度 \times 2 = 360度$$

となります。

9 多角形の外角の和

下の図のように，多角形の面積を縮小していくと点のようになり，外角は1回転することがわかります。つまり，どんな多角形も，外角の和は360度なのです。辺にそって多角形のまわりを一周するとき，それぞれの頂点では外角のぶんだけ向きを変えることになります。一周まわる間には，合計で360度向きを変えることになるので，外角の和は360度になる，ともいえます。

多角形の外角の和は，すべて360度

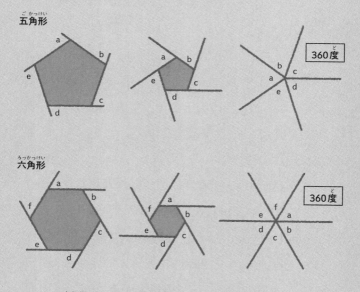

五角形

360度

六角形

360度

多角形のそれぞれの外角を保存したまま収縮していくと，
どんな多角形でも1回転，つまり360度になります。

10 「正多面体」は，5種類しかない

すべての面が合同な多角形である正多面体

ここでは，3次元空間上の図形についてみてみましょう。3次元上で，平面や曲面で囲まれた図形を，「立体」といいます。平面だけで囲まれた立体が，「多面体」です。さらに多面体のうち，すべての面が合同な正多角形で構成される，「球に各頂点が内接する」立体のことを，「正多面体」といいます。

正多面体は，5種類しかつくれません。4個の正三角形で囲まれた「正四面体」，6個の正方形で囲まれた「立方体」，8個の正三角形で囲まれた「正八面体」，12個の正五角形で囲まれた「正12面体」，20個の正三角形で囲まれた「正20面体」の五つです。

正多面体は，プラトン立体とも よばれる

　正多面体が5種類しかないことは，古代ギリシアの研究集団「ピタゴラス学派」が発見したとされます。しかし，古代ギリシアの哲学者であるプラトン（紀元前427〜紀元前347）が著書で正多面体について記したため，五つの正多面体は「プラトン立体」ともよばれています。

　また，スイスの数学者のレオンハルト・オイラー（1707〜1783）は，「オイラーの多面体定理」という重要な法則を発見しています。「多面体では，辺の数に2を加えた数は，頂点の数と面の数の和になる」というものです。穴のないすべての多面体で成り立ちます。

10 正多面体とサッカーボール

すべての面が合同な多角形で構成された正多面体は，五つしか
ありません。サッカーボールも加えて，オイラーの多面体定理
を表にまとめました。

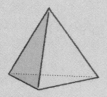

正四面体
正三角形4個で
囲まれた立体

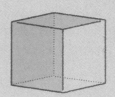

立方体
正方形6個で
囲まれた立体

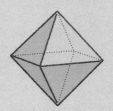

正八面体
正三角形8個で
囲まれた立体

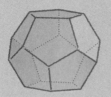

正12面体

正五角形12個で
囲まれた立体

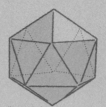

正20面体

正三角形20個で
囲まれた立体

サッカーボール

正五角形12個と正六角形20
個で構成されます

正多面体とサッカーボールの，辺と頂点と面の数の関係

	辺の数	+	2	=	頂点の数	+	面の数
正四面体	6	+	2	=	4	+	4
正六面体	12	+	2	=	8	+	6
正八面体	12	+	2	=	6	+	8
正12面体	30	+	2	=	20	+	12
正20面体	30	+	2	=	12	+	20
サッカーボール	90	+	2	=	60	+	32

オイラーの多面体定理

穴のないすべての多面体は，辺の数に2を加えた数が，頂点の数と面の
数を足した数に一致します。このことはオイラーによって発見され，「オ
イラーの多面体定理」とよばれます。

　多面体というと，サッカーボールを思い浮かべる人も多いのではないでしょうか。**サッカーボールは当初，ウシやブタの膀胱を膨らませたものを使っていました。**その後，細長い革を12枚か18枚縫い合わせたものが使われるようになりました。ちょうどバレーボールのような形です。

　1960年代に入ると，正五角形12面と正六角形20面からなる32面体がボールに採用されました。これを「アルキメデスの立体」といいます。このボールは，長い間使用されました。しかしサッカーボールの進化は，ここでとどまりません。

　2006年のサッカーワールドカップドイツ大会で使われた「チームガイスト」というボールは，完全な球に近づくように，プロペラのような形の2種

類のパネルを14枚組み合わせてつくられました。
キーパーの前でゆれて変化する「無回転シュート」が打ちやすくなったといわれています。その後もさらに進化をつづけ，2018年のワールドカップでは，6枚のパネルを貼り合わせてつくられたボールが使用されました。

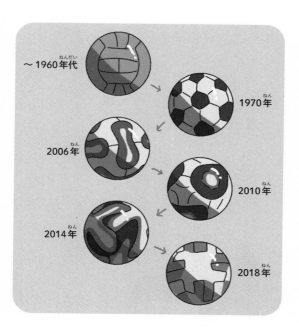

～1960年代

1970年

2006年

2010年

2014年

2018年

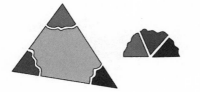

第2章

神秘の数「π」が
生む円と球の性質

私たちの生活は，円状のものや球状のものに支えられています。第2章では，円や球とはどういった図形なのかをみていきましょう。また，それらの図形と密接な関係にある，不思議な数「π」についても考えていきます。

現代社会で大活躍する 円と球

円状の人工物には, 歯車やCD, DVDなどがある

私たちの身のまわりには, 円状のものや球状のものがたくさんあります。

円状の人工物としては, 歯車やCD, DVDなどがあげられます。自然物では, 水面の波紋や木の幹の断面などが思い浮かびます。

一方, 球状のものを探してみると, 月や地球などの天体, ボール, 気泡, ボールペンの先にある球などがみつかります。

1 身近にみられる円と球

円や球は，身近すぎてその存在をふだんはあまり意識しないかもしれません。しかし，自然物，人工物を問わず，円状や球状のものは，身のまわりにたくさんあります。

身のまわりの球状のもの

ボールベアリング

月

水中の気泡

野球のボール

シャボン玉

身のまわりの円状のもの

歯車

車輪

コップの断面

CDやDVDなどの光ディスク

水面の波紋

木の幹の断面

円が転がるときの摩擦力は，小さい

円や球の便利な性質の一つは，「なめらかに転がる」ことです。大昔から，人類は重い物を運ぶときには，「ころ」とよばれる円柱形の木材を使ってきました。現代でも自動車の車輪などとして，円は大活躍しています。

ころや車輪などが便利なのは，円が転がるときの摩擦力が，平らな面どうしにはたらく摩擦力とくらべて，圧倒的に小さいからです。身のまわりの家電製品などの中では，鋼などでできた球（ボールベアリング）が「ベアリング（軸受け）」として，さまざまな機械の中で活躍しています。

円や球は非常に身近な存在で，私たちの生活を支えてくれているのです。

2 中心から同じ距離の点が集まって，円や球ができる

円とは，あらゆる方向が同等な図形

　円や球とは，そもそもどんな図形なのでしょうか？　また，両者には，どんな関係性があるのでしょうか？

　円は数学的には，「平面において，ある1点（中心）から同じ距離にある点の集合」だといえます（ただし円周の内部も含めて円とよぶ場合もあります）。たとえば円の中心に立って周囲を見渡すと，円周上の点はどの方向でも同じ距離だけ先にあります。円とは，中心から見ると，あらゆる方向が同等な図形だといえるのです。

球を平面で切ると，断面は円になる

　一方，球は数学的には，「空間において，ある1点（中心）から同じ距離にある点の集合」です（ただし球面の内部も含めて球とよぶ場合もあります）。円の定義の「平面」を，「空間」に置きかえただけです。**球の場合も，中心からみれば，あらゆる方向が同等です。**

　また，球には，おもしろい性質があります。球を適当な平面で切ると，あらわれる断面は，どんな方向で切っても円になります。斜めに切れば，楕円があらわれてもよさそうな気もしますが，出てくるのはかならず円なのです。

68ページから，円と球を理解するカギをみていこう。

memo

2 円と球の性質

円と球は，中心から見るとあらゆる方向が同等な図形といえます。球は，平面で切ると，断面がかならず円になります。

円の定義
平面内で，ある点（中心）からの距離が等しい点の集合（またはその内部）。

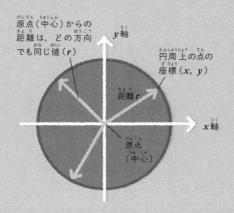

原点（中心）からの距離は，どの方向でも同じ値（*r*）

*y*軸

円周上の点の座標（*x*, *y*）

距離*r*

*x*軸

原点（中心）

円の式（中心が原点で半径が*r*）

$$x^2 + y^2 = r^2$$

球の定義

空間内で，ある点（中心）からの距離が等しい点の集合（またはその内部）。

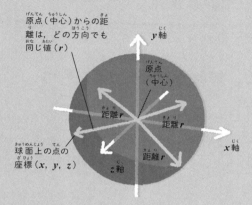

原点（中心）からの距離は，どの方向でも同じ値（r）

y軸

原点（中心）

距離r

距離r

x軸

球面上の点の座標（x, y, z）

距離r

z軸

球の式（中心が原点で半径がr）

$$x^2 + y^2 + z^2 = r^2$$

球の断面はつねに円

球を平面で切った断面は，かならず円になります。

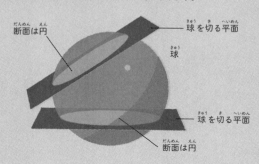

断面は円

球を切る平面

球

球を切る平面

断面は円

3 ▶ 円と球をどうまわしても, 元のまま

円は, 無限個の対称軸をもつ

円や球を理解するかぎは,「対称性」にあります。たとえば,「図形をある直線（対称軸）で折りたたんだときに, 重なり合うこと」を線対称といいます。円は, 中心を通る直線であれば, かならず折りたたむと重なります。**つまり円は, 無限個の対称軸をもつのです。**一方で, たとえば正方形は, 対称軸は4本しかありません。

ふだんの生活でも,「左右対称」という言葉を使うことがあるね。

68

円や球は,「どの方向から見ても対称な」図形

　今度は,円や球を「回転」させることを考えましょう。円は,円の中心を固定して,0度から360度までどんな角度で回転させても,元の姿のままです（回転対称,70ページのイラスト）。一方,球は,球の中心を固定して,空間内でどんな方向にどんな角度で回転させても,元の姿のままです。

　円や球は,「線対称」や「回転対称」など,対称性の面で非常に特殊な図形だといえるのです。円や球は,「どの方向から見ても対称な,きわめて対称性が高い図形」といってもいいでしょう。

3 回転対称性

イラストは，円と球の回転対称性をあらわしています。円は，何度で回転させても元の姿と変わりません。球も，どの方向に何度回転させても同じ姿です。

円はどんな角度で回転させても元のまま（回転対称性）

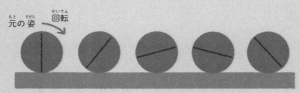

元の姿 回転

回転の角度が何度でも，元の姿のまま

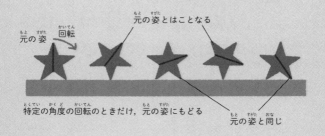

元の姿とはことなる

元の姿 回転

特定の角度の回転のときだけ，元の姿にもどる

元の姿と同じ

70

球はどのように回転させても元のまま（回転対称性）

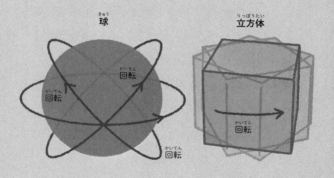

日本のお金の単位は, いつから「円」？

　「円」といえば日本の通貨の単位です。円の単位は, どうやって生まれたのでしょうか。

　江戸時代には, 円は使われておらず, お金の単位には「両」「分」「文」などが使われていました。しかし幕末になると海外の銀貨が入ってくるなどし, それまでの貨幣制度が混乱しました。そこで, 明治政府は近代的な貨幣制度を確立する必要に迫られました。そして1871年, 明治政府は「新貨条例」を公布して, 新しいお金の単位である「円」「銭」「厘」を制定したのです。当時の1円は, 1ドルと同じ価値をもっていました。

　単位の名称はなぜ「円」だったのでしょうか。貨幣の形がすべて円だったからといった説や, 海外と貿易するときに使っていたメキシコの銀貨が「洋

円」といわれていたからなど，諸説あるようです。

そして，円の百分の一を示す単位である「銭」は，大隈重信がアメリカの「セント」に似た音から考案したといわれています。

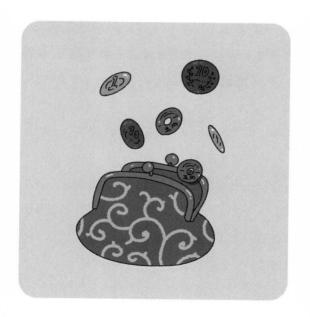

円周率 π の小数点以下に，終わりはない

円周率は，円周の長さが直径の何倍かをあらわす

円と関連して，大昔から人々を悩ませてきた数が「円周率 π（パイ）」です。円周率とは，円周の長さが直径の何倍かをあらわす数で，「円周 ＝ π × 直径」です。円の半径を r とすれば，「円周 ＝ 2 π r」となります。π は3.14と習うことが多いのですが，小数点以下の数字はその先もずっとつづきます。

大昔から円周率が3程度であることは知られていたようです。たとえば，紀元前2000年ごろのバビロニア人は，円周率として3や $3\frac{1}{8}$（3.125）を使っていたといいます。

4 円周率 π

円周率 π は，円周の長さが直径の何倍かをあらわす数です。π の値は，小数点以下が無限につづき，特定の数の列が循環することはありません。π は，「周」を意味するギリシア語の頭文字に由来します。

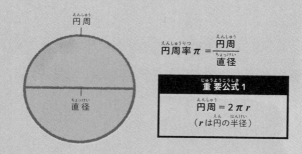

円周

直径

$$円周率 π = \frac{円周}{直径}$$

重要公式 1

$$円周 = 2 \pi r$$
（r は円の半径）

π の値に終わりはないカゲ。

3.14

π の真の値は，無限につづくが循環しない

　分母と分子が整数になる分数であらわされる数を，「有理数」といいます。有理数は，小数点以下が有限のところで終わる小数か，循環小数のどちらかになることが知られています。

　一方，π の真の値は，3.141592653……と無限につづき，さらに数の列は循環しません。こういった数は「無理数」とよばれ，π はその代表例の一つです。

　π は円周だけではなく，円の面積，球の表面積，球の体積を求めるのにも必須の数であり，数学で屈指の重要な数とみなされています。

πの近似値として，$\frac{22}{7}$=3.14285714857…という数が使われることがあるが，これは「142857」という数字の並びが無限に繰り返す，「循環小数」と呼ばれるタイプの数で，πの正しい値ではないのじゃ。

76

5 正多角形から，円周率の値にせまってみよう！

円に内接する正六角形と，外接する正六角形を考える

　数学的な手法を駆使して，円周率 π の真の値に近づく方法を考えだした人物に，古代ギリシアの数学者で物理学者のアルキメデス（紀元前287ごろ～紀元前212ごろ）がいます。その方法をみてみましょう。

　アルキメデスはまず，円に内側から接する（内接する）正六角形と，円に外側から接する（外接する）正六角形を考えました。円の半径を1メートルとすると，「内接する正六角形の周の長さ＜円周（2 π ×1メートル）＜外接する正六角形の周の長さ」という関係がなりたちます。二つの正六角形の周の長さは，80 ～ 81ページのイラストのように求めることができます。その結果を上

の不等式に入れると「$6 < 2\pi < 4\sqrt{3}$ (= 6.9282 …)」となり，「$3 < \pi < 3.4641…$」という結果が得られます。

正多角形の辺の数を
ふやしていくと円に近づく

アルキメデスはここから，正多角形の辺の数をどんどんふやしていき，最終的に正96角形を使うことで「$3.1408… < \pi < 3.1428…$」という関係式を得ました。私たちが使用している3.14という円周率の近似値は，アルキメデスがすでに導いていたといえるのです。

「$3 < \pi < 3.4641…$」という関係式を得たが，ワシの時代にはまだ，小数での表記法がなかったので，分数で $3 + \dfrac{10}{71} < \pi < 3 + \dfrac{1}{7}$ とあらわしたんじゃ。

┌─ **memo** ─────────────────────────┐

(blank memo lines)

└────────────────────────────────────┘

5 アルキメデスの方法

円に内接する正六角形と，円に外接する正六角形をえがきました。「円に内接する正六角形の周の長さ＜円周＜円に外接する正六角形の周の長さ」という関係から，「6＜2π＜4√3」という結果が得られます。

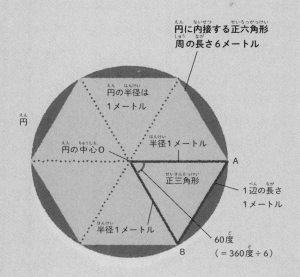

円に内接する正六角形
周の長さ6メートル

円の半径は
1メートル

円

円の中心O

半径1メートル

正三角形

1辺の長さ
1メートル

半径1メートル

60度
（＝360度÷6）

A

B

△OABは1辺が1メートルの正三角形です。つまりAB＝1メートル。ABは，内接正六角形の1辺の長さなので，内接正六角形の周の長さは6メートルとなります。

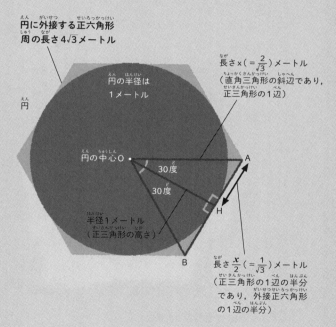

円に外接する正六角形
周の長さ4√3メートル

長さx（＝$\frac{2}{\sqrt{3}}$）メートル
（直角三角形の斜辺であり，
正三角形の1辺）

円の半径は
1メートル

円

円の中心O

30度

30度

A

H

半径1メートル
（正三角形の高さ）

B

長さ$\frac{x}{2}$（＝$\frac{1}{\sqrt{3}}$）メートル
（正三角形の1辺の半分
であり，外接正六角形
の1辺の半分）

正三角形△OABの1辺をxメートルとすると，三平方の定理より，$x^2 = (\frac{x}{2})^2 + 1^2$。ここから$x = \frac{2}{\sqrt{3}}$ メートルです。xは正六角形の1辺の長さなので，外接正六角形の周の長さは，$6x = 4\sqrt{3}$メートルです。

肉球はいいにおい？

　イヌやネコは，足の裏に肉球をもっています。肉球には毛がなく，弾力があります。音を立てずに歩くときや，つるつるした場所ですべらずに歩くときに肉球は役立ちます。また，高いところから飛び降りるときのクッションとしての役割や，歩行時のセンサーとしての役割もあると考えられています。

　イヌやネコは，全身でさかんに汗をかくことはありません。しかし，肉球の周囲にだけ「エクリン汗腺」という器官が発達しており，ここから汗が分泌されます。そのため，肉球は独特のにおいを発するようです。そのにおいは，ポップコーンに似ているともいわれています。

　肉球のにおいは，汗のにおいだけでなく，肉球

82

に生息している酵母や細菌のにおいも混じってつくられているようです。飼い主によっては，ペットが病気になると，肉球のにおいが変わったと感じることもあるといいます。

円の面積を
扇で求めよう！

円を，多数の扇形に切り分ける

　ここからは，円の面積について考えてみましょう。面積を求めるには，無限の考え方が重要になります。

　学校でよく習う方法は，円形のケーキを切り分けるような方法でしょう。円を多数の扇形に切り分けて，それらの扇形を交互に上下反転させながら順に並べていくと，平行四辺形のような形になります（右のイラスト）。

長方形の面積が，元の円の面積

　切り分ける扇形を無限に細くしていくと（中心角を無限に小さくしていくと），この平行四辺形もどきが，長方形になります。この長方形の縦

6 円を長方形に整形する

円を多数の扇形に分け，交互に上下を反転させて並べます。このとき，扇形の中心角を無限に小さくすると，長方形になります。長方形の各辺の長さは，円の半径 r と，円周の半分 π r なので，面積は π r² です。

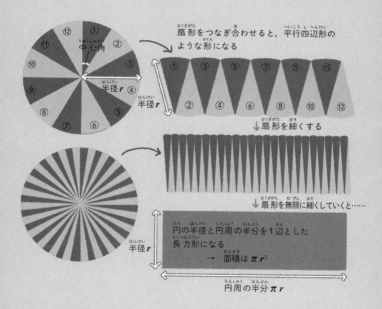

扇形をつなぎ合わせると，平行四辺形のような形になる

↓ 扇形を細くする

↓ 扇形を無限に細くしていくと……

円の半径と円周の半分を1辺とした長方形になる
→ 面積は π r²

円周の半分 π r

半径 r

中心角

半径 r

半径 r

重要公式 2

円の面積 = π r²
（r は円の半径）

は「元の円の半径（r）」に，横は「元の円の円周の半分（$2\pi r \div 2$）」になります。長方形の面積は「縦（r）×横（πr）」なので，πr^2 になります。これが元の円の面積です。

　次のページでは，またちがった方法で円の面積を求めてみます。

円が長方形になるなんて，不思議！

7 円の面積を，バウムクーヘンで求めよう！

直角三角形の面積が，元の円の面積

　今度は，89ページのイラストのように，円をバウムクーヘン状に切り分けてみましょう。切り出した環状の帯をまっすぐにのばして，長いものから順に並べていきます。すると，階段のような図形ができます。

　切り分ける帯の幅を無限に小さくしていけば，階段はならされていき，直角三角形になります。このとき，直角三角形の左の辺は「元の円の半径（r）」，上の辺は「元の円の円周（$2\pi r$）」に一致します。左の辺を底辺，上の辺を高さと考えれば，この直角三角形の面積は，「底辺（r）×高さ（$2\pi r$）÷2」なので，πr^2になります。これが元の円の面積です。やはり，85ページのケーキ

の切り分け法と同じ結果になりました。

πは，円や球のさまざまな性質に顔を出す

　興味深いのは，円の面積の公式にも，ふたたびπが登場することです。πは「円周率」という名がありますが，円周だけでなく，円や球のさまざまな性質に顔を出す，重要な数なのです。

バウムクーヘンの「バウム」はドイツ語で「木」，「クーヘン」は「ケーキ」を意味するらしいカゲ。

7 円を直角三角形に整形する

円を同心円状の帯に分け，長い順に並べます。この
とき，帯の幅を無限に小さくすると，円の半径 *r* を
底辺，円周 2 π *r* を高さとする直角三角形になり，
面積 π *r*² が導きだされます。

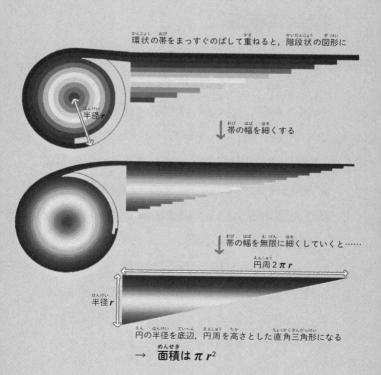

環状の帯をまっすぐのばして重ねると，階段状の図形に

半径 *r*

↓ 帯の幅を細くする

↓ 帯の幅を無限に細くしていくと……

円周 2 π *r*

半径 *r*

円の半径を底辺，円周を高さとした直角三角形になる

→ 　面積は π *r*²

球の体積を求めてみよう！①

円柱の断面積＝円錐の断面積＋半球の断面積

ここからは，球の体積を求めてみましょう。まず前段階として，「円柱」と，その中にぴったり入る「半球」と「円錐」を考えます。

次に円柱，円錐，半球を同じ高さで水平に切って薄い円板を取りだします。すると，どんな高さで切っても，「円柱の断面積＝円錐の断面積＋半球の断面積」という関係が成り立ちます（92〜93ページのイラスト）。

さらに，それぞれの円板はごく薄く同じ厚みをもち，円板の体積は「断面積×円板の厚さ（高さ）」で計算できます。つまり「円柱の円板の体積＝円錐の円板の体積＋半球の円板の体積……①」となります。

円柱の体積は，円錐と半球を足し合わせたもの

　元の三つの立体図形の体積は，このような無数の薄い円板の体積を，すべて足し合わせたものだと考えることができます。

　①の関係は，どの高さの円板でも成り立つわけですから，無数の円板をすべて足し合わせた全体の体積でも同じ関係がなりたつはずです。**つまり①の式は，「円柱の体積＝円錐の体積＋半球の体積……②」と書きかえられます。**この関係を使って，94ページからいよいよ球の体積を求めます。

ここでもπが出てくるぞ。

8 円柱・円錐・半球の関係

円柱と，その中にぴったり入る半球，円錐を考えます。三つの立体を，同じ高さで切ったとき，「円柱の断面積＝円錐の断面積＋半球の断面積」という関係が成り立ちます。

円柱の断面積

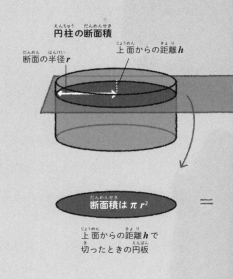

断面の半径 r

上面からの距離 h

断面積は πr^2

$=$

上面からの距離 h で
切ったときの円板

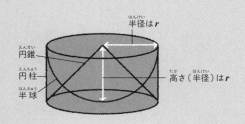

半径は r

円錐

円柱

半球

高さ（半径）は r

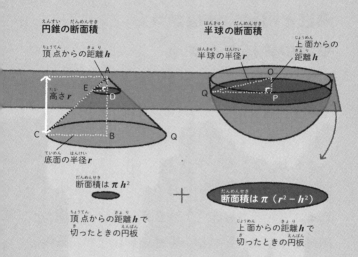

円錐の断面積

頂点からの距離 *h*

高さ *r*

E D A

C B Q

底面の半径 *r*

断面積は **π** *h*²

頂点からの距離 *h* で
切ったときの円板

＋

半球の断面積

上面からの距離 *h*

半球の半径 *r*

O

Q P

断面積は π (*r*² − *h*²)

上面からの距離 *h* で
切ったときの円板

△ABCと△ADEは相似です（すべての角が等しい）。また、ABとBCの長さがともに *r* で等しいので、△ABCは二等辺三角形です。つまり△ADEも二等辺三角形となり、AD＝DE＝*h* です。断面の円の半径（DEの長さ）が *h* なので、断面積は **π** *h*² です。

直角三角形△OPQで、三平方の定理を考えると、「OQ²＝OP²＋PQ²」です。OQ＝*r*、OP＝*h* を代入して変形すると、「PQ²＝*r*²−*h*²」です。PQは断面の円の半径なので、断面積＝**π** × PQ²＝**π** (*r*²−*h*²) です。

円柱と円錐の体積から、半球の体積がわかる

前のページで、円柱の中にぴったり入る円錐と半球を考えると、「円柱の体積＝円錐の体積＋半球の体積……②」という関係が成り立つことをみました。この関係を使えば、半球の体積は、円柱の体積から円錐の体積を引くことで求められることがわかります。つまり、円柱の体積と円錐の体積がわかれば、半球の体積がわかるのです。

円錐，半球，円柱の体積は，1：2：3

　まず，円柱の体積を求めてみます。円柱の体積は「底面積 $[\pi r^2]$ ×高さ $[r]$ ＝ πr^3」です。次に，円錐の体積は「底面積 $[\pi r^2]$ ×高さ $[r]$ × $\frac{1}{3}$ ＝ $\frac{1}{3}\pi r^3$」です。ここから，半球の体積（＝円柱の体積−円錐の体積）は，$\frac{2}{3}\pi r^3$ になります。球の体積はこの2倍ですから，$\frac{4}{3}\pi r^3$ ということになります。学校の授業では，この公式を「身（3）の上に心配（4π）ある（r）ので参上（3乗）」などと語呂合わせで覚えた人も多いようです。

　また，円錐と半球が，ぴったりと円柱に入る関係のとき，円錐，半球，円柱の体積の比は，1：2：3というきれいな整数比になることがわかります。

9 ▶ 円柱＝円錐＋半球

円柱にぴったり入る半球と円錐を考えます。このとき，円柱の体積は，円錐と半球の体積を足し合わせたものと同じになります。ここから半球の体積が求められます。

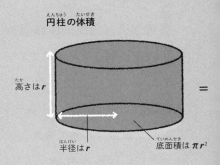

円柱の体積

高さは r

半径は r

底面積は πr^2

＝

円柱の体積 ＝ 底面積×高さ ＝ πr^3

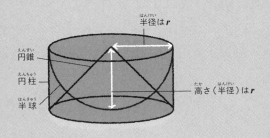

半径は r

円錐

円柱

半球

高さ（半径）は r

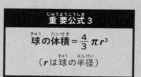

重要公式 3

球の体積 $= \dfrac{4}{3}\pi r^3$

（rは球の半径）

円錐の体積

半球の体積

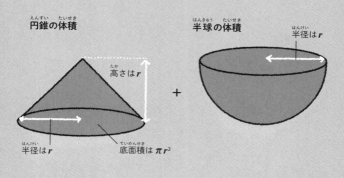

半径は r

高さは r

半径は r

底面積は πr^2

円錐の体積 $=$ 底面積×高さ× $\dfrac{1}{3}$

$\qquad\qquad = \dfrac{1}{3}\pi r^3$

半球の体積 $=$ 円柱の体積 $-$ 円錐の体積

$\qquad\qquad = \dfrac{2}{3}\pi r^3$

円錐の体積で
なぜ $\frac{1}{3}$ をかける？

94ページに円錐が出てきたのう。円錐の体積は，底面積×高さ× $\frac{1}{3}$ じゃな。なぜ $\frac{1}{3}$ をかけるのかね？

えっ……。なぜなのでしょうか。四角錐もそうですよね。

うおっほっほ。それじゃあまず，立方体を考えよう。立方体の各頂点を線でむすぶと，どうなるかな。

四角錐が，六つできます。そうか，四角錐の体積は，立方体の $\frac{1}{6}$ なんですね。

そうじゃ。立方体の半分の高さの直方体とくらべると，四角錐の体積は $\frac{1}{3}$ になる。この直方体の体積は，底面積×高さじゃから，四角錐の体積は底面積×高さ× $\frac{1}{3}$ になる。

それじゃあ円錐は？

四角錐の底面積と高さをそのままで，底面の
形を円にした円錐を考えるんじゃ。このとき，
四角錐と円錐を同じ高さで切ると，両者の断面
積はいつも同じになる。ここから，四角錐と円
錐の体積は同じになるんじゃな。じゃから円錐
の体積も，底面積×高さ×$\frac{1}{3}$になるんじゃよ。

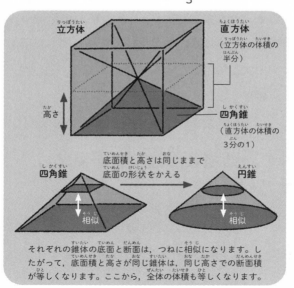

それぞれの錐体の底面と断面は，つねに相似になります。し
たがって，底面積と高さが同じ錐体は，同じ高さでの断面積
が等しくなります。ここから，全体の体積も等しくなります。

円柱を使って球の表面積を求めてみよう！

球と，球に外接する円柱を，薄くスライスする

ここでは，球と円柱の不思議な関係を使って，球の表面積を求める方法を紹介しましょう。

球と，その球がちょうど入る円柱（球に外接する円柱）を考えます。これらをある高さで薄くスライスします。このとき，球でも円柱でも，環状の帯ができます。

球の表面積と円柱の側面積は，等しくなる

球の中心からずれた位置でスライスすると，球の帯は，円柱の帯とくらべて，半径と周の長さが短くなります。一方，球の帯は斜めに傾い

ているので，そのぶん円柱の帯とくらべて，幅は太くなります。実は，半径（周の長さ）が短くなる分，それを補うように帯の幅が太くなるので，球の帯と円柱の帯の面積[（帯の周の長さ）×（帯の幅）]は，どんな高さで切っても，等しくなります（くわしくは104〜105ページ）。

　そのため，無数の薄い帯の合計である球の表面積と円柱の側面積（＝円周[$2\pi r$]×高さ[$2r$]）は等しくなるのです。そのため，球の表面積は$4\pi r^2$（＝$2\pi r \times 2r$）になります。

ちょうど真ん中の高さで薄くスライスすれば，球の帯と円柱の帯の半径は一致するんじゃ。このとき，球の帯は傾いていないので，二つの帯の面積は等しいぞ。

10 球の表面積＝円柱の側面積

球と，その球がぴったり入る円柱を考えます。このとき，ある高さでスライスすると，球の帯と円柱の帯ができます。この二つの帯は，どんな高さでスライスしても面積が等しくなります。そのため，球の表面積と円柱の側面積は等しくなります。

重要公式4

球の表面積＝ $4\pi r^2$
（ r は球の半径）

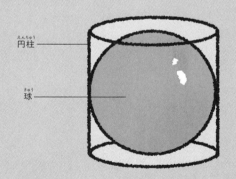

円柱 ——

球 ——

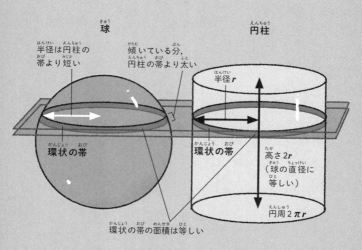

球

円柱

半径は円柱の帯より短い

傾いている分，円柱の帯より太い

半径 r

環状の帯

環状の帯

高さ $2r$（球の直径に等しい）

円周 $2\pi r$

環状の帯の面積は等しい

球の表面積と，球に外接する円柱の側面積は等しい

103

球と円柱の帯が
同じ面積なのはなぜ？

博士，前のページの球の帯と円柱の帯の面積は，なぜ等しくなるんですか？

これはちょっとむずかしいぞ。右の拡大図を見るんじゃ。球の半径（PO）＝円柱の半径＝r，円柱の帯の幅をPQ＝h，球の帯の幅をPRとしたんじゃ。

図を見ただけで，複雑ですね。

うむ，それじゃあいくぞ。まずスライスする厚さが十分に薄ければ，弧PRは直線とみなせる。すると，△PQRは直角三角形となるんじゃ。同じ色の点をつけた角は等しいから，△PQRと△PHOは相似じゃな。じゃからPH：PO＝PQ：PRが成り立つんじゃ。

ムリ〜。ついていくのが大変です。

あと少しじゃ。この比を使えば，球の帯の幅 PR ＝ $\dfrac{PO \times PQ}{PH}$ になる。球の帯の半径をPHとすると，帯の面積は「$2\pi \times PH \times PR = 2\pi rh$」※じゃ。円柱の帯の面積は，$2\pi r \times h = 2\pi rh$ じゃから，二つの帯の面積は等しいな。

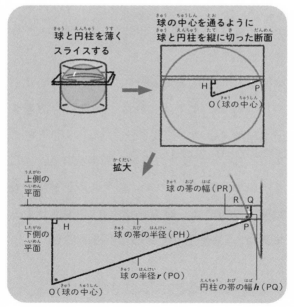

球と円柱を薄くスライスする

球の中心を通るように球と円柱を縦に切った断面

H ┐ P

O（球の中心）

拡大

上側の平面

球の帯の幅（PR）

R Q

下側の平面

H

球の帯の半径（PH）

P

球の半径 r（PO）

円柱の帯の幅 h（PQ）

O（球の中心）

※：正確には，帯の面積はこの式と一致しません。しかし，スライスする厚さを無限に薄くして（無限小で）考えれば，その差は無視できます。

105

表面張力が
水滴を丸くする

水滴には，表面をちぢめようとする力がはたらく

小さな水滴の形状が球に近いことは，経験的によく知られています。では，なぜ水滴は丸くなるのでしょうか？

隣接する水分子（H_2O）どうしは，おたがいに引きつけ合っています。これは，水分子中の酸素原子（O）がマイナスの電気をおび，水分子中の水素原子（H）がプラスの電気をおびていることによる引力（水素結合）です。分子どうしが引き合う結果，水滴には，表面（表面積）をちぢめようとする力，「表面張力」がはたらくのです。

11 丸い水滴をつくる表面張力

水滴の中の水分子どうしは，引力をおよぼしあっています。水分子は，多くの相手と引きつけ合ったほうが安定するため，表面の水分子は，内部よりも不安定です。そのため，水滴は表面積が小さいほど安定し，表面積が最小の球になろうとします。

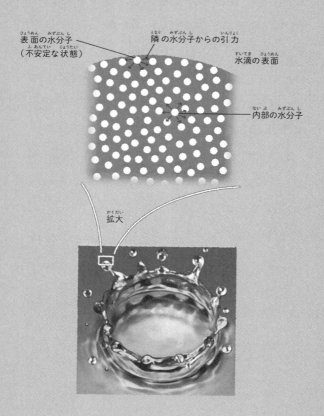

表面の水分子
（不安定な状態）

隣の水分子からの引力

水滴の表面

内部の水分子

拡大

同じ体積で比較すると，
球は最も表面積が小さい

　球は，表面積のうえでも特別な図形だといえます。同じ体積で比較すると，球は最も表面積が小さい立体なのです。そのため，表面張力がはたらく水滴は，表面積が最も小さい球になるわけです。水の表面張力は，ほかの液体とくらべてかなり大きく，たとえば，エタノール（C_2H_5OH，アルコールの一種）の約3倍もあります。

　表面張力がより大きい液体には，水銀（Hg）があります。水の約7倍もの表面張力をもちます。そのため，水銀を机にこぼしてしまうと，水銀は球状になります。

12 大きな天体は，重力で球になる

あらゆる方向が同等な球になるのが自然な形

太陽や惑星は，ほぼ球形をしています。**これは，天体の中心に向けてひっぱる重力のはたらきのためです。**中心から見て，あらゆる方向が同等な球になるのが，自然な形といえるのです。

固体である地球のような天体でも，長い年月の間には液体のようにふるまい，極端な凹凸があると，凹凸がくずれたり埋められたりしてならされてしまうのです。

小さいと十分な重力が
発揮されない

　太陽系の小天体の中には，いびつな形の天体も多いです。これは小さいために，十分な重力が発揮されず，凹凸がならされないためです。

　球形になる天体の大きさは，岩石からなる天体（火星と木星の間に分布する小惑星など）であれば直径800キロメートル程度以上，氷からなる天体（海王星より遠くに分布する太陽系外縁天体など）ならば直径1000キロメートル程度以上とされています。

重力が大きければ，固体の惑星でも，じょじょにならされて，球状になるカゲ。

12 丸い天体といびつな天体

一般に火星や太陽など，質量が大きな天体は，球形に近いです。これは，中心方向へとひっぱる重力のはたらきのためです。一方，小天体は重力が小さく，いびつな形状をしたものが多いです。

火星（岩石惑星）
直径約6800キロメートル。

太陽（恒星）
直径約140万キロメートル。電離したガス（プラズマ）でできている。

小天体
小さなものには，いびつな形状をしたものも多い。

好奇心旺盛なアルキメデス

偉大な数学者
アルキメデス

ヘウレーカ！
（わかったぞ！）

入浴中にひらめいて裸で走り回ったとか、ここがあれば地球を動かせると豪語したという伝説が残っている

アルキメデスはシチリア島の天文学者の家に生まれた上流階級のおぼっちゃんだった

当時の先端都市アレクサンドリアで学び、数学者のコノンやエラトステネスと交流があった

600人乗り！

アルキメデスは数学者としてのみならず、軍事技術者としても活躍

船の設計や、低いところから高いところへ水を運ぶスクリューなど、多くの発明をした

その一方で、「宇宙を砂粒で満たすとしたら砂はいくつになるか」という計算もしている

優れた若手数学者に贈られる「フィールズ賞」のメダルにはアルキメデスの肖像が描かれている

第3章

自然界や建築物に

あらわれる

曲線の美

生き物をはじめとした自然物や，人工的につくられた建造物には，美しい曲線がみられます。そのような曲線の多くは，単純な数式であらわすことができます。第3章では，美しい曲線の世界をみていきましょう。

噴水の水は，きれいな「放物線」をえがく

噴水の水の軌跡は，美しい曲線

　自然の造形や人工物には，美しい曲線がみられることがあります。そしてその背後には，興味深い数学が隠されていることが少なくありません。

　たとえば噴水の水の軌跡は，美しい曲線をえがきます。空気抵抗を無視すれば，この曲線は，「放物線」です。空中に投げられた物体の軌跡は，放物線となります。このことを発見したのは，イタリアの科学者のガリレオ・ガリレイ（1564 〜 1642）です。

1 放物線をえがく噴水の水

噴水の水の軌跡は，放物線をえがきます。このような放物線は，2次方程式であらわすことができます。

放物線をあらわす数式

$$y = ax^2 + bx + c$$

放物線は，2次曲線の例として よく知られる

　放物線は2次方程式であらわすことができ，2次曲線といわれます。放物線は，高校の数学で学ぶ2次曲線の例としてよく知られています。また，120ページで見るように，2次曲線は円錐曲線ともいわれます。

　美しい曲線を鑑賞しながら，その背景にある数学の世界にせまっていきましょう。

生き物の構造や天体の軌道といった自然の造形や，建築物や道路などの人工物などには，しばしば美しい曲線がみられるぞ。

2　放物線と楕円は，円の兄弟だった

彗星の中には，放物線や双曲線をえがくものがいる

　地球などの惑星が太陽をまわる軌道の形は，円を少しつぶした「楕円」です。惑星の軌道が円ではなく楕円であることを突き止めたのは，ドイツの天文学者のヨハネス・ケプラー（1571～1630）でした。

　約76年周期で太陽に近づくハレー彗星の軌道も，細長い楕円です。しかし，すべての彗星の軌道が楕円をえがくわけではありません。彗星の中には，放物線や「双曲線」をえがくものがあります。これらの彗星は太陽系の外へと飛んでいき，二度と太陽の近くにもどってくることはありません。2017年には，双曲線の軌道をもつ天体「オウムアムア」が観測され，その軌道から，太陽系

の外からやってきた天体であることがわかりました。

円錐を切ると，円錐曲線があらわれる

円，楕円，放物線，双曲線は，みな兄弟のようなものです。なぜなら，円錐をさまざまな角度で切ると，角度次第で，円，楕円，放物線，双曲線のいずれかがあらわれるからです。こうした性質から，円，楕円，放物線，双曲線は，まとめて「円錐曲線」とよばれます。

惑星，小惑星，彗星などの天体の軌道は基本的に，円錐曲線である円，楕円，放物線，双曲線のいずれかとなります。

120

2 円錐曲線

太陽のまわりの天体の軌道には，双曲線，放物線，楕円，円などがあります。これらの曲線は，円錐曲線とよばれます。円錐曲線は，円錐の中に入れた液体の水面の輪郭としてあらわれます。

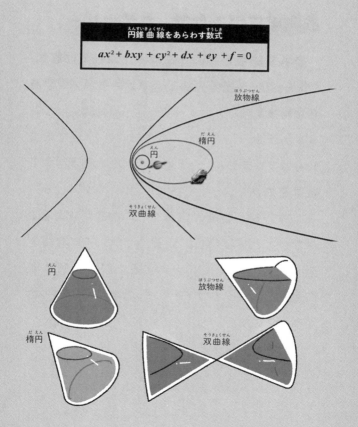

円錐曲線をあらわす数式

$$ax^2 + bxy + cy^2 + dx + ey + f = 0$$

放物線

楕円

円

双曲線

円

放物線

楕円

双曲線

3 垂れた鎖の曲線「カテナリー」が，ガウディ建築を生んだ

放物線に似た曲線「カテナリー」

ひもや鎖などの両端を持ってぶら下げると，「カテナリー（懸垂曲線）」とよばれるカーブがあらわれます。カテナリーは一見，放物線に似ており，カテナリーをあらわす数式は，17世紀まで知られていませんでした。オランダの物理学者で数学者のクリスティアーン・ホイヘンス（1629 ～ 1695）は，わずか17歳でこの曲線が放物線ではないことを証明し，62歳でついにその数式を明らかにしました。ラテン語で鎖を意味する「catena」から，「カテナリー」と名づけたのもホイヘンスです。

注：垂らしたひもや鎖がカテナリーになるのは，ひもや鎖の密度が一定の場合です。

3 世界遺産のカテナリー

スペイン，バルセロナにある世界遺産のサグラダ・ファミリア
には，カテナリーが取り入れられています。ガウディは，ほか
の建築物の設計にもカテナリーを用いました。

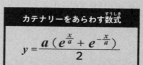

カテナリーをあらわす数式

$$y = \frac{a\left(e^{\frac{x}{a}} + e^{-\frac{x}{a}}\right)}{2}$$

eは「ネイピア数」とよばれる定数
で，その値は約2.718です。aが正
のとき，定数aの値が大きいほど，
曲線はゆるやかになります。

123

鎖を垂らした模型を使って設計したガウディ

重力が生むカテナリーを上下反転させると, アーチ状の構造になります。このアーチをみずからの建築の要素として重視したのが, スペインを代表する建築家であるアントニ・ガウディ（1852〜1926）です。有名なスペイン, バルセロナの「サグラダ・ファミリア」は, 塔や柱の形状がカテナリーを用いて設計されています。ほかにも複数のガウディ作品が, 鎖を垂らした模型を使って設計されました。

アントニ・ガウディ
スペインの建築家。作品に曲線と曲面を多用した。バルセロナを中心に活動し, サグラダ・ファミリアやグエル公園など, 複数の作品が「アントニ・ガウディの作品群」として世界遺産に登録されている。

124

memo

_____

_____

_____

_____

_____

_____

_____

_____

_____

_____

_____

_____

_____

_____

_____

_____

_____

_____

_____

サグラダ・ファミリアは，いつ完成？

　サグラダ・ファミリアは，ガウディが最後に取り組んだ作品です。**サグラダ・ファミリアは，1882年に着工されたころ，その設計の複雑さから「完成まで300年かかる」といわれていました。** 一時は資金不足もあり，工事はなかなか進まず，「永遠に未完なのではないか」とうわさされることもありました。

　しかし現在では，2026年に完成予定というスケジュールが公表され，その目標に向かって猛然と建設がつづけられています。※ 2026年に完成したとすると，建設期間は144年となり，当初想定されていた年数のおよそ半分になります。また2026年は，ガウディの没後100年にあたります。

※：新型コロナウイルスの影響で，この予定より遅れることとなりました。

126

このスピードアップには，3Dの設計ソフトが導入されたことが大きく貢献したようです。さらに，ガウディ特有の曲面を多用した部材の作成には，デジタル制御できる工作機械が使われるようになりました。現在，完成までの予想CGがインターネット上に公開されています。

自動車の車輪は、「サイクロイド曲線」をえがく

物体が最も速くすべる サイクロイド

「ある2点間を結ぶ斜面に沿って物体がすべるとき、最も速くすべりつくのは、どのような斜面の場合か?」。これは、「最速降下曲線問題」とよばれます。1696年、スイスの数学者のヨハン・ベルヌーイ（1667～1748）は、名だたる数学者に最速降下曲線の正しい答と証明の提出を求めました。問題に取り組んだイギリスの数学者で科学者のアイザック・ニュートン（1642～1727）は、たった一晩で正しい答えにたどりつきました。それが「サイクロイド」です。

4 車輪がえがくサイクロイド

下のイラストは，走行する自動車の車輪がえがくサイクロイドのイメージです。車輪が1回転することによってえがかれるサイクロイドの長さは，車輪の直径のちょうど4倍になります。

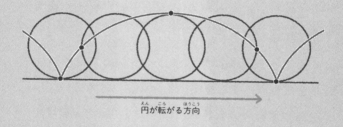

円が転がる方向

サイクロイドをあらわす数式

$$x = a(\theta - \sin\theta),\ y = a(1 - \cos\theta)$$

$\sin$ と $\cos$ は，それぞれ三角関数のサインとコサインです。定数 a は転がる円の半径で，変数 θ は回転角です。

サイクロイド

直線上を転がる円の円周上の点が えがく曲線

サイクロイドとは，自動車の車輪のように，直線上をすべらずに転がる円の円周上の点がえがく曲線です。129ページのイラストのような転がる円がえがく曲線を上下逆にしたものが最速降下曲線なのです。

東京−大阪間にサイクロイド型の真空トンネルを掘れば，そこをすべる列車はわずか8分で反対側に到着できる計算になります（摩擦が無視できる場合）。

この真空トンネルが実現すれば，燃料がいらない夢の交通システムになるね！

130

5 オウムガイの殻にあらわれる「対数らせん」

中心から外へのばした直線に一定の角度でまじわる

オウムガイの殻の断面にあらわれた，美しいらせん。このらせんは，「対数らせん」あるいは「等角らせん」とよばれます。

対数らせんをくわしく研究したスイスの数学者のヤコブ・ベルヌーイ（1654 ～ 1705）にちなんで，「ベルヌーイらせん」ともよばれます。

対数らせんの重要な特徴は，「中心から外へのばした直線に対して，らせんはつねに一定の角度でまじわる」というものです。「等角らせん」とよばれるのはこのためです。

渦巻銀河の腕も対数らせんに そっている

　対数らせんは，らせんの巻き具合を決める角度がつねに一定です。このため，らせんを拡大・縮小しても，元のらせんを回転させたものに一致します。これを「自己相似性」といいます。

　対数らせんは，自然界のさまざまなところにあらわれます。たとえば，渦巻銀河の腕も，基本的には対数らせんにそっています。

自然界にあらわれる，まさに神秘のらせんじゃな。

5 オウムガイの殻のらせん

オウムガイの殻の断面をえがきました。オウムガイ
は成長とともに殻を大きくし、内側に部屋を残して
いきます。オウムガイの殻の美しいらせんは、対数
らせんとよばれる曲線です。

オウムガイの殻の断面

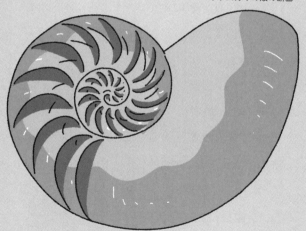

対数らせんをあらわす数式
$r = ae^{b\theta}$

極座標表示とよばれるものです。r は半径、θ
は角度、a と b は定数です。

高速道路は，やさしい曲線「クロソイド」でつくられる

鞭打ちを防ぐために採用された

1895年，世界初の垂直ループコースターがアメリカで登場しました。しかし，鞭打ちになる乗客が続出してしまいました。原因は，ループ部分のレールを円にしたためでした。直線部分から円にさしかかった瞬間，乗客は強烈な加速度の影響を受けて，首などを痛めてしまったのです。

これを防ぐために採用されたのが「クロソイド」とよばれる曲線です。スイスの数学者のレオンハルト・オイラー（1707 〜 1783）がくわしく研究したことから，「オイラーのらせん」ともよばれます。

6 高速道路のカーブ

クロソイドを取り入れた，高速道路のジャンクションをえがきました。ループ部分やカーブ部分にみられる美しいカーブが，クロソイドに沿っています。

クロソイドをあらわす数式

$$R = \frac{k}{L}$$

R は曲率半径（同じ曲がり具合を持つ円の半径），L は曲線上の長さによる座標，k は定数です。

クロソイドのカーブで
急ハンドルをさける

　クロソイドは，直線からはじまり，先に進む
ごとに少しずつカーブがきつくなります。車の
運転なら，一定の走行速度で，ハンドルを一定の
角速度（1秒あたりに回転する角度）で回してい
ったときの車の軌跡が，クロソイドになります。
　実際に，高速道路のカーブは，急なハンドル
操作をさけるためにクロソイドで設計されていま
す。クロソイドは運転者や乗客にかかる加速度
の影響を減らし，安全性をもたらす，人にやさ
しい曲線なのです。

数学が日常生活で活用されて
いる例の一つだカゲ！

136

memo

ガウディは悪魔か天才か

スペイン出身の建築家アントニ・ガウディは1852年生まれ

子供のころには学校誌の挿絵をえがいたり、学校劇の舞台装置をつくったりしていた

友人の家の近くに廃墟になっていた修道院があった。ガウディは友人らと3年をかけて修復案を練った

この遊びが建築家になる夢へとつながっていったようだ

21歳でバルセロナの建築の専門学校に入学。成績はあまりよくなかった

しかし、専門外の美学や哲学の授業に熱心に出席したり、図書館に通って建築の専門書をむさぼるように読んだ

どの教授も私には合わないなぁ

ガウディは図面作成のアルバイトで実務経験を積んだ

卒業制作につくった母校の講堂の設計プランで「悪魔か天才か」と評された

設計だけで10年

1898年
ガウディは
コロニア・グエル教会
建設の依頼を受けた

あそこに
教会を!

わかりました!

繊維工場や
従業員住宅などがある
コロニーの一角の
労働者のための
教会だった

しかし、その工事が
着工したのは
なんと10年後!

天井から重りのついた
ひもを吊り下げて
形を作るという方法で
設計を考えたため
時間がかかった

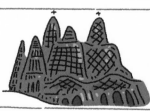

ひもを写真に撮り
上下をさかさまにして
してできる
カテナリーを教会の
形に取りこんだ

重りの位置やひもの
長さを変えながら
美しい造形を
追求していった

やっとのことで
着工した
コロニア・グエル教会

残念です

しかし第一次世界大戦
などの影響で
地下聖堂が完成した
ところで未完となって
しまった

美がかくされた？
神秘の比「黄金比」

「黄金比」とよばれる比率があります。黄金比は，自然界や人工物にあらわれ，数学的な根拠はありませんが，最も美しい比率ともいわれます。第4章では，黄金比のなぞにせまっていきます。

古代から人々を
惹きつけてきた黄金比

地球上で最も調和のとれた
美しい比?

　ここからは，物の形と関係の深い「黄金比(黄金数)」についてみていきましょう。

デザインや建築の世界では，黄金比がよく利用されることがあります。黄金比とは，およそ1：1.618の比率のことで，「最も美しい比率」といわれることもあります。ただし黄金比が最も美しい，という数学的な根拠はまったくありません。

黄金比をあらわす記号φ

　古代ギリシアの時代から，黄金比が最も美しい比率とされていたという説があります。黄金比

1 黄金比の長方形

縦横の比率がちがう四角形をえがきました。一番上の長方形が黄金比の長方形です。黄金比は，最も美しい比率だといわれ，デザインなどに取り入れられることがあります。しかし，縦横比が黄金比の長方形が最も美しいという数学的根拠は一切ありません。

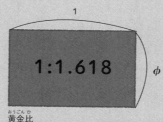

1

1:1.618

ϕ

黄金比

1:1.41

白銀比
（くわしくは152ページ）

1:1.777...

テレビの縦横比

黄金比 ‥‥‥‥ $1 : \dfrac{1+\sqrt{5}}{2}$

黄金数 ϕ ‥‥‥ $\dfrac{1+\sqrt{5}}{2}$（無理数）

は，ルネサンス期にはルカ・パチョーリという数学者が『神聖比率』という著書で黄金比について解説し，黄金比が古代ギリシアの時代から重視されていたとする説のもととなりました。モナリザで有名なルネサンス期の芸術家で，科学者であったレオナルド・ダ・ヴィンチ（1452〜1519）は，彼と親交があり，『神聖比率』の挿絵を担当しました。

黄金比の値を正確にあらわすと1：$\frac{1+\sqrt{5}}{2}$です。 $\frac{1+\sqrt{5}}{2}$を「黄金数 ϕ」といいます。ϕを小数であらわすと，1.618033……とつづいていきます。小数点以下の数字が循環することなく無限につづく，「無理数」です。

ル・コルビジェという20世紀を代表する建築家も，黄金比を建築理論に取り入れて，宣伝に活用したぞ。

2　正五角形の中にあらわれる，終わりのない数「黄金数」

正五角形の辺と対角線の長さの比は，黄金比

　黄金数はいろいろな図形の中にふいに出没し，古代の数学者たちをおどろかせてきました。

　ギリシアの数学者で哲学者であるピタゴラス（紀元前560ごろ〜紀元前480）は，「数」を万物のもとと考える宗教学派をつくったことで知られています。この学派のシンボルは，「五芒星」です。

　五芒星とは，正五角形の対角線で形づくられる星形です。この正五角形の1辺の長さを1とすると，対角線の長さは黄金数 ϕ になります。正五角形の辺と対角線の長さの比は，黄金比になっているのです。

正五角形と五芒星のくりかえしは、どこまでもつづく

　正五角形の中には五芒星が、五芒星の中にはさらに小さな正五角形が含まれます。この二つの図形のくりかえしはどこまでもつづきます。右のイラストのように、この図形に登場する線分を、長いほうから順に並べてそれぞれの比をみていくと、すべてφになっています。

正五角形と五芒星の線分の比は、どこまでいってもφだカゲ。

146

2 五角形と五芒星

正五角形の中に対角線を引くと，五芒星があらわれます。五芒星の中には，さらに小さな正五角形が含まれます。これをくりかえしたものが下のイラストです。登場する線分を長いほうから並べてそれぞれの比をみると，すべて黄金数 ϕ になっています。

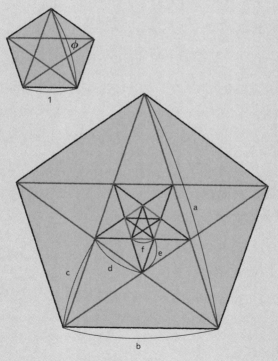

イラストでは，$\dfrac{a}{b}$，$\dfrac{b}{c}$，$\dfrac{c}{d}$，$\dfrac{d}{e}$，$\dfrac{e}{f}$ がすべて ϕ になっています。

古代ギリシアの時代から知られていた

1830年代のドイツの書物に黄金比という言葉が登場

　紀元前300年ごろにアレキサンドリアで活躍した数学者のユークリッド（エウクレイデス）は，それまでに完成されていたさまざまな数学の理論を，厳密に論理的に紹介する書物を残しました。それが『原論』です。黄金比は，この『原論』の中にも正五角形や正12面体などの作図のために，何度か登場します。

　『原論』では，ユークリッドは黄金比ではなく，「外中比」という言葉を使っていました。外中比が黄金比と名づけられたのは，後年のことです。1830年代のドイツの書物には，黄金比という言葉がはじめて登場しています。

線分の全体：長い部分＝長い部分：短い部分

　ユークリッドは，黄金比をこう定義しました。「ある線分において，全体に対する長い部分の比が，長い部分に対する短い部分の比と等しくなるとき，線分は黄金比で分けられている」。

　150ページのイラストにこの定義を示しました。イラストの短い部分が1であれば，長い部分は黄金数 φ となります。

黄金比は「黄金分割」とよばれることもあるそうよ。

3 黄金比の作図法

左のイラストは，ユークリッドによる黄金比の定義です。右の
イラストは，ユークリッドが示した黄金比の作図法です。

ユークリッドによる黄金比の定義

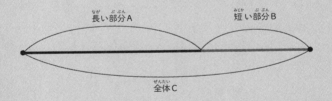

長い部分A　　　　　　　　　　短い部分B

全体C

黄金比とは，C：A＝A：Bとなる比率のこと
（式を変形すると，$A^2 = BC$ となります。また，Bが1のときAはϕ）

ユークリッドが示した黄金比の作図法

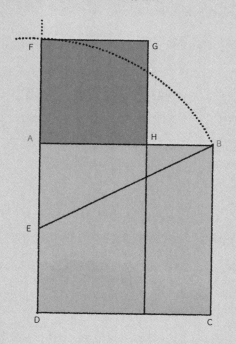

（1）線分ABを1辺にもつ正方形ABCDをかく
（2）辺ADを2等分する点Eをおく
（3）辺ADをDからAに向かう方向に引いた延長線の上に，
　　　BE＝EFとなる点Fをおく
（4）AFを1辺にもつ正方形AFGHをかく
（5）このとき点Hが線分ABを黄金比に分ける

日本の建築物にあらわれる「白銀比」

　黄金比と同じように，建築物やデザインなどに登場する比率に，「白銀比」というものもあります。これは，1 : √2（1.414……）の比率です。私たちが日常使うA4やB5などの紙の縦横比は，この比率です。長辺を半分にしたり，短辺の方向に倍にしたりしても，同じ比率になります。

　白銀比は別名，「大和比」ともいわれています。法隆寺の金堂や五重塔に，白銀比が使われています。また白銀比は，仏像や日本絵画の中などにも見られます。

　実は日本人におなじみのキャラクターの中には，縦と横の比率が白銀比に近いものがあります。アンパンマンやトトロ，ハローキティなどです。作者が意識していたかどうかは不明ですが，長い間親し

まれているキャラクターにそんな秘密があるとは,
興味深いことですね。

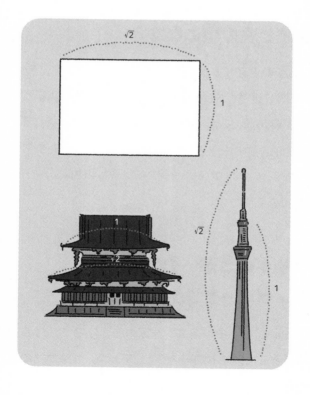

フィボナッチの「ウサギの問題」

1，1からはじまり，前の2項を足すと次の項になる

　黄金数と密接な関係にある数列があります。1，1ではじまり，前の2項を足すと次の項になるという数列で，「フィボナッチ数列」といいます。数列の名前の由来となったのは，イタリアの数学者のレオナルド・フィボナッチ（1180ごろ～1250ごろ）です。

ウサギのつがいの数はフィボナッチ数列になる

　フィボナッチは著書『計算の書』の中で，計算問題として次の問題を紹介しました。「ウサギのつがいが生まれた。このつがいは成長して親に

4 フィボナッチ数列

フィボナッチのウサギの問題をイラストにしました。親ウサギは毎月つがいを産み，子ウサギは生まれて2か月目に子を産みはじめます。すると6か月目につがいの数が8になっています。

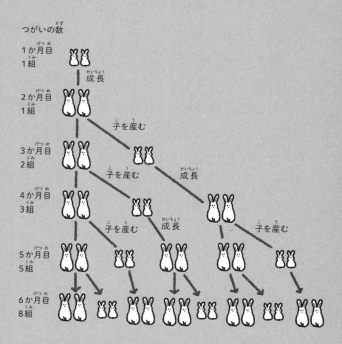

つがいの数

1か月目 1組
成長

2か月目 1組
子を産む

3か月目 2組
子を産む　成長

4か月目 3組
子を産む　成長　子を産む

5か月目 5組

6か月目 8組

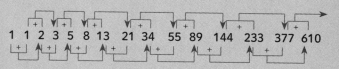

フィボナッチ数列　前の2項を足すと次項になる

1　1　2　3　5　8　13　21　34　55　89　144　233　377　610

155

なるのに1か月かかり，2か月目からは毎月つがいを産む。生まれたつがいも1か月かかって成長して，2か月目から毎月つがいを産む。この場合，12か月目にはウサギは何つがいになっているだろうか?」。

　ウサギのつがいの数は1，1，2，3，5，8，……とふえていきます。12か月目には，144つがいです。この数の並びが，フィボナッチ数列です。フィボナッチ数列は，どのように黄金数と関係しているのでしょうか。次のページでみてみましょう。

フィボナッチは著書の中で，「この先も同様に計算をつづけることによって，よい足し算の練習ができるだろう」とのべているぞ。

5　時間がたつとウサギの数は，黄金比に行き着く

となりあう数の比は，黄金数に近づく

　前のページで見たフィボナッチ数列を，今度は縦に並べてみましょう。そして上下に並んだ数字の比を見ていきましょう（下の数字を上の数字で割ります）。

　1 ÷ 1 ＝ 1，2 ÷ 1 ＝ 2，3 ÷ 2 ＝ 1.5，5 ÷ 3 ＝ 1.66666……，8 ÷ 5 ＝ 1.6。このように上下に並んだ数字の比を順に見ていくと，ある数字にだんだんと近づいていきます。この数字が1.618033……，すなわち黄金数です。フィボナッチ数列のとなりあう数の比は，数が大きくなるにつれて黄金数に限りなく近づくのです。

フィボナッチ数の式の中に，黄金数が含まれる

　フィボナッチ数列と黄金数の，密接な関係を示す例があります。それは，n番目のフィボナッチ数をあらわす式です（右ページの式）。n番目のフィボナッチ数をあらわす式には，

黄金数 $\phi = \dfrac{1 + \sqrt{5}}{2}$

が含まれているのです。

　整数であるフィボナッチ数をあらわす式の中に，整数ではない無理数が含まれていることは，考えてみたら不思議なことです。実際にnに整数を代入して，整数になることを確かめてみましょう。

158

5 フィボナッチ数の上下の比

フィボナッチ数を縦に並べて，上下の比を順に見ていくと，黄金数 φ に近づいていくことがわかります。

1
　　　　1.000000倍
1
　　　　2.000000倍
2
　　　　1.500000倍
3
　　　　1.666666倍
5
　　　　1.600000倍
8
　　　　1.625000倍
13
　　　　1.615384倍
21
　　　　1.619047倍
34
　　　　1.617647倍
55
　　　　1.618181倍
89
⋮　　　⋮　どんどん近づいていく
↓
φ

n番目のフィボナッチ数をあらわす式
$F_n = \dfrac{1}{\sqrt{5}}\left\{\left(\dfrac{1+\sqrt{5}}{2}\right)^n - \left(\dfrac{1-\sqrt{5}}{2}\right)^n\right\}$

6 植物の葉のつき方には，フィボナッチ数がかくれている

葉がつくパターンは，主に3種類

　自然界にも，黄金数やフィボナッチ数があらわれることがあります。

　代表的な例は，植物の茎につく葉の数です（茎に対する葉の並び方を「葉序」といいます）。葉は光を受けて光合成をし，植物の生存に必要な養分をつくりだしています。どの葉にもまんべんなく光が当たることは，植物にとって重要な条件です。

　葉は，茎にそって，らせん階段をのぼるように生えていきます。このとき観察される，葉がつくパターンは，主に3種類あります。「茎を1回転する間に3枚の葉をつける」，「茎を2回転する間に5枚の葉をつける」，「茎を3回転する間に8枚の葉をつける」というパターンです。ここに出

160

6 植物の葉のつき方

イラストの上から順に，茎を1回転する間に3枚の葉をつける
パターン，茎を2回転する間に5枚の葉をつけるパターン，茎
を3回転する間に8枚の葉をつけるパターンです。

1回転で3枚
（ $\frac{1}{3}$ 葉序）

2回転で5枚
（ $\frac{2}{5}$ 葉序）

3回転で8枚
（ $\frac{3}{8}$ 葉序）

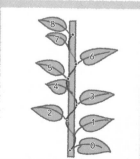

葉のつき方に出て
くる1, 2, 3, 5,
8は，どれもフィ
ボナッチ数だね。

てくる数字はどれも，フィボナッチ数です。

果実のらせんの列の数は，
フィボナッチ数

　二つ目の例は，植物の「集合果」です。集合果とは，小さな果実が集まって一つの果実を形づくるものです。たとえば，パイナップルや松ぼっくりなどがあります。

　小さな果実一つ一つは，表面にらせんをえがくように配列しています。このらせんの列の数は，フィボナッチ数になっています。

161ページの「1回転で3枚」のパターンの例は，ブナ，ニレ，「2回転で5枚」の例はリンゴ，アンズ，「3回転で8枚」の例はポプラ，モモなどじゃ。

memo

アラビア数字をもちこむ

レオナルド・フィボナッチは中世で最も才能のある数学者と評される人物

今ではフィボナッチの名が広まっているが同時代の人たちからは「ピサのレオナルド」とよばれていた

フィボナッチは12世紀後半イタリアのピサで育った。幼いころはピサの斜塔の建設を見ていたかもしれない

フィボナッチは父の仕事のため北アフリカ、シリア、ギリシアなどを旅した。そしてアラビア語と学問を身につけた

I II III...

当時ヨーロッパではローマ数字が使われていた。しかしフィボナッチは気づいた

アラビアやインドの数字のほうが使いやすいじゃないか！

彼は著作「計算の書」の第一章の冒頭で

九つのインドの数字（アラビア数字）987654321そして記号0であらゆる任意の数字が書ける

と紹介しヨーロッパにアラビア数字をもたらした

計算の書

「計算の書」は計算の方法を紹介する歴史的な本である。その内容は15章にも及ぶ

まだ小数点という概念がなく分数を使っていたため前半の多くは分数についての記述だった

$$\frac{1}{4} + \frac{1}{3} + 2 = \frac{31}{12}$$

$$\frac{3}{5} + \frac{3}{2} = \frac{21}{10}$$

$$\frac{3}{7} - \frac{1}{4} = \frac{5}{28}$$

彼はこの本の中で「フィボナッチ数列」についてのべている

1、1、2、3、5、8、…

この数列は彼が最初に考案したものではなくインドでも6世紀には知られていた

しかし、彼自身はその重要性をさほど強調しなかった

まず計算できることが大事だし

計算の書の内容は革新的で反対派もいた。しかし経済の発展とともに効率的な計算方法が求められ計算の書はじょじょに受け入れられていった

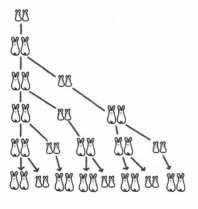

第5章

伸び縮みさせて
図形を調べる
「トポロジー」

図形を分類する考え方に，トポロジーと
よばれるものがあります。トポロジーでは，
一見まったくことなる形をしたものどうし
が，同じ形とみなされることがあります。
第5章では，最先端の科学にもつながる，
トポロジーの考え方をみていきましょう。

図形を分類する学問「トポロジー」

伸び縮みさせて, 同じ形にできるかどうか

「ドーナツとコーヒーカップは同じ形をしている」。こんな突拍子もない説明を聞いたことはないでしょうか?

これは,「トポロジー」という図形の性質を調べる数学分野の考え方です。**トポロジーでは, 伸び縮みさせて同じ形にできる図形どうしであれば, すべて同じ形とみなすという不思議な考え方をします。**たとえばドーナツとコーヒーカップは, 右のイラストのように移り変わることができるため, 同じ形だとみなせるのです。

1 コーヒーカップとドーナツ

トポロジーでは，コーヒーカップとドーナツは，同じ図形とみなします。下のイラストのように，伸び縮みさせることで移り変わることができるからです。

ドーナツ

コーヒーカップ

トポロジーは，現代科学に応用されている

　トポロジーの考え方は，DNAのしくみを探る研究に利用されているなど，現代科学のさまざまな場面で応用されています。

　最先端の科学とつながる，不思議なトポロジーの世界に足を踏み入れてみましょう。

トポロジーは，伸ばして縮めて形を調べる，やわらかい幾何学なんじゃ。

2 トポロジーでアルファベットを分類してみよう

トポロジーでは, 図形のつながり方が重要

　トポロジーは, 日本語で「位相幾何学」といいます。幾何学とは, 図形について考える数学のことです。トポロジーでは, 図形のつながり方が重要になります。

　線で書かれた文字の分類をトポロジーで考えてみます。このとき, 文字の中の穴の個数と, 分岐の様子や個数が分類の基準になります。たとえば「A」には, 線が三つに分岐している点が二つあります。トポロジーでは, つながり方を保ったまま変形（図形を伸び縮み）させて, 一致するものを同じ図形（同相）とみなします。「A」は, 線が三つに分岐している点を保ちながら「R」に変形できるため, 「A」と「R」は同相です。しか

し，「A」を「P」にするには，途中で三つに分岐している点を一つ減らしたり，線を切ったりしなければなりません。そのため，「A」と「P」は，トポロジーではちがう図形とみなされるのです。

立体的なRとPは同じ図形とみなせる

一方，立体的な厚みをもたせた文字のトポロジーを考える場合は，分岐は関係なくなり，立体に空いた穴の数が同相かどうかの基準になります。たとえば「R」と「P」は，どちらも穴を一つもち，同相とみなせます。

トポロジーの考え方にもとづけば，三角形も四角形も円も，全部同じ形とみなすことができるカゲ。

172

2 トポロジーによる分類

線で書かれた文字と，立体的な文字のときのトポロジーの考え方を示しました。「R」と「P」は，線で書くとちがう図形とみなされます。立体的な文字では「同相」となります。

線で書かれた文字

同相の記号

三つに分岐する点　　図形の端　図形の端

三つに分岐する点　　図形の端　図形の端

三つに分岐する点は一つしかない

図形の端は一つしかない

線で書かれた文字のトポロジーを考える場合は，分岐する点の数や，端の数が分類の基準となります。

立体的な文字

立体に空いた穴　　立体に空いた穴

立体的な文字のトポロジーを考える場合は，立体に空いた穴の数が基準になります。

173

3 ▶ トポロジーの考え方を，はじめて示したオイラー

橋を一度ずつ通過して，もとの場所へもどれるか

　トポロジーは1900年ごろに確立した理論です。その先駆けとなる考え方を示したのは，スイスの天才数学者のレオンハルト・オイラー（1707〜1783）だったとされています。

　1700年代，ケーニヒスベルクという都市の中心に川が流れていました（177ページのイラスト）。あるとき街の人が，「七つの橋を一度ずつ，すべて通過して散歩するルートはあるだろうか？ただし出発点と到着点は別でもよい」という疑問を投げかけました。

174

トポロジーの発想を用いて，問題を簡略化

オイラーは，川でへだてられた陸地をそれぞれ1点にまとめ，橋を線であらわしました（177ページの下のイラスト）。当初の疑問は，すべての線を一度ずつ通過できるか，という一筆書き問題にかわったのです。

この問題で重要なのは，「橋と陸地のつながり方」じゃ。橋の長さや同じ側の陸地内の道など，こまごまとしたことは無視しても構わんのじゃ。

175

この図で考えると，点を一回通りすぎるたびに，そこに入る線と出て行く線と，計2本を使うことになります。よって出発点と到着点以外では，線が偶数本つながっていないと，すべての線を一回ずつ使うことはできません。ケーニヒスベルクでは四つの点すべてが奇数本の線につながっています。そのため，出発点と到着点がどこでも，残る2点で通れない線が出てきます。

オイラーは，トポロジーの発想を用いて問題を簡略化し，街の人の疑問に数学的な解答を示したのです。

この問題の答えは「すべての橋を一度しか通過しないルートは，出発点と終点が違ってよくても，そんなルートは存在しない」だね！

3 トポロジーの発想で簡略化

オイラーは, 橋のつながり方だけを考えるために, 複雑な道などの要素をそぎ落とし, 点と線だけの簡単な図で表しました。まさに, トポロジー的な考え方といえます。

かつてのケーニヒスベルクの街

**点と線に簡略化された
ケーニヒスベルクの街**

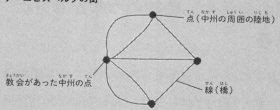

点（中州の周囲の陸地）

教会があった中州の点

線（橋）

4

電車の路線図は，トポロジーでつくられた

駅の数や，乗りかえ駅が重要

駅や電車内で見かける「路線図」は，トポロジーの考え方にもとづいて表現されている，わかりやすい例の一つです。

路線図を見るときには，目的地までの駅の数や，乗りかえ駅を確認する人が多いのではないでしょうか。路線図を見て，目的地の駅までの実際の距離を見積もろうとする人は，あまりいないはずです。

駅の順番や，路線のつながり方に注目

トポロジーの考え方でえがかれている路線図は，駅と駅の距離や，駅どうしの実際の位置関係

には目をつむり，「駅の順番」や「路線どうしのつながり方」という，路線の性質に注目してえがかれています。そのため，路線図上では距離がはなれているように見えるのに，実際の距離はとても近いことがあります。逆に，目的地までの駅の数が少なく，非常に近くにあるように見えるのに，実はものすごく駅と駅の間がはなれていて遠いこともあるのです。

路線図は，実際の形とは異なっているけど，駅の並びは変わらないカゲ。

4 鉄道の路線図

東京の都心を走る鉄道の路線図です。上は，複数の路線をえがいたもので，下は一つの路線（丸の内線）をえがいたものです。どちらの路線図も，駅の順番や路線どうしのつながり方を重視しており，実際の位置や，駅間の距離は正確ではありません。

凡例：
銀座線
丸ノ内線
日比谷線
東西線
千代田線
有楽町線
半蔵門線
南北線
副都心線
都営浅草線
都営三田線
都営新宿線
都営大江戸線
JR線

荻窪　南阿佐ケ谷　新高円寺　東高円寺　新中野　中野　中野坂上　中野富士見町　方南町　中野新橋　西新宿　新宿　新宿三丁目　新宿御苑前　四谷三丁目　四ツ谷　赤坂見附　国会議事堂前　霞ケ関　銀座　東京　大手町　淡路町　御茶ノ水　本郷三丁目　後楽園　茗荷谷　新大塚　池袋

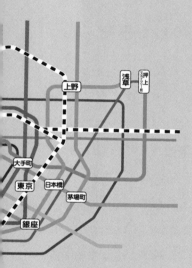

下の路線図では, 池袋から見ると, 新宿よりも銀座のほうが近そうじゃ。でも, 実際の地図上の距離は, 池袋から新宿のほうが短いぞ。

181

トポロジーの考え方が，科学の世界に欠かせない

DNAの形状変化のしくみを明らかにする

　トポロジーの考え方は，さまざまな科学の分野で活用されています。たとえば，トポロジーの考え方を駆使して，大腸菌が細胞分裂する際のDNAの複製のしくみが研究されています。

　大腸菌のDNAは，2本のヒモがらせん状に絡まって，環状になった構造をしています（右のイラスト1のような構造）。大腸菌が分裂するとき，DNAは，いくつかの酵素によって，2本の輪にほどかれることがわかっています。**DNAがトポロジー的にどのように変化していくのかを数学的に調べることで，酵素がDNAをほどくメカニズムの解明が進められています。**

5 DNAのトポロジーの変化

大腸菌のDNAは，2本のヒモがからまった環状構造をしています。細胞分裂のときには，DNAにトポロジーの変化がおき，二つの輪にほどかれます（1～3）。

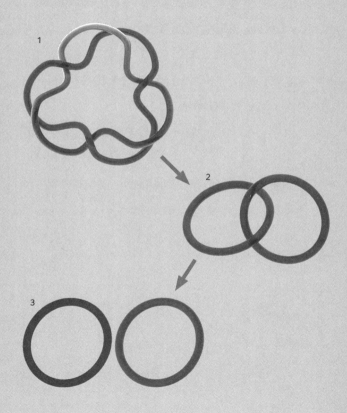

1

2

3

量子コンピューターを進歩させる可能性を秘める

また, 2016年には, 物質の基本的な性質にトポロジーの考え方を導入した3名の物理学者に, ノーベル物理学賞が授与されました。ここではくわしく説明はしませんが, 量子コンピューターを革命的に進歩させる可能性を秘めた成果で, 今後ますます研究が進むでしょう。

ほかにも, 画像解析や高分子の設計など, トポロジーの考え方は, さまざまな分野で活用されています。トポロジーはもはや, 現代科学を語る上で欠かせない概念なのです。

今後もトポロジーに注目ね!

184

memo

トポロジークイズ

ドーナツ屋にいる高校生の田中くんと山本くん。

田中：いとこの大学生に教えてもらったんだけど，トポロジーって知ってる？　このドーナツとコーヒーカップを同じものと考えるんだって。

山本：ちょっとよくわからないなぁ。

田中：それぞれ伸び縮みさせると，同じになるっていうことなんだけど。わかる？

山本：うーん，なんとなく……

Q 右のページに並べた立体的なひらがなをトポロジーで分類すると，いくつのグループに分類できるでしょうか？

田中：じゃあ，ひらがなをトポロジー的に分類してみ
　　　ようか。
山本：とりあえず，「し」と「つ」とか，「へ」と「く」
　　　は同じだと思うけど，ちがうかな。

ここで問題です。46個の立体的な厚みのあるひらが
なをトポロジーの考え方で分類すると，何個のグル
ープに分けることができるでしょう？

あいうえお　　はひふへほ
かきくけこ　　まみむめも
さしすせそ　　や　ゆ　よ
たちつてと　　らりるれろ
なにぬねの　　わをん

穴の数と要素に注目

A 8グループ

あぬ 穴の数が二つ

たにふ 要素が三つ

ぬ 穴の数が三つ

いうえかけこら 要素が二つ

おはほむ 要素が二つで，穴の数が一つ

　分類のカギは，穴の数といくつの要素に分かれるかです。たとえば「あ」は，穴の数が二つで要素は一つです。すべてつながっているので要素は一つと考えます。「い」は，穴の数は0で要素は二つです。

　このように考えると，イラストのように8グループに分類できます。ただし，今回の字体に限ります。「ふ」を三つの要素とするときもあれば，四つの要素とするときもあるように，字体によって分類が変わることがあります。

きくさしせそちつてと
ひへもやりれろわをん 要素が一つ

すねのまみゆよる 穴の数が一つ

な 要素が三つで，穴の数が一つ

山本：なるほどね。不思議な分類だね。

田中：「た」「な」「か」は，すべて別々のグループだね。

とくに「な」は，仲間がいないんだ。孤独な僕に

はピッタリだね。

山本：そういう話なの，これ。

memo

さくいん

193

れ